ÉLÉMENTS

DE

GÉOLOGIE

PAR

V. RAULIN

PROFESSEUR A LA FACULTÉ DES SCIENCES DE BORDEAUX

OUVRAGE RÉDIGÉ CONFORMÉMENT
aux derniers programmes officiels
POUR L'ENSEIGNEMENT SECONDAIRE SPÉCIAL
(ANNÉE PRÉPARATOIRE)

Et accompagné de 196 figures intercalées dans le texte

PARIS
LIBRAIRIE HACHETTE ET Cie
79, BOULEVARD SAINT-GERMAIN, 79

ÉLÉMENTS

DE GÉOLOGIE

PARIS. — TYPOGRAPHIE LAHURE
Rue de Fleurus, 9

ÉLÉMENTS

DE

GÉOLOGIE

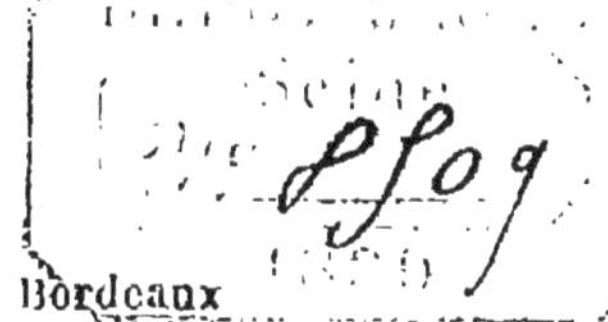

PAR

M. RAULIN

Professeur à la Faculté des sciences de Bordeaux

OUVRAGE RÉDIGÉ CONFORMÉMENT

aux programmes officiels

POUR L'ENSEIGNEMENT SECONDAIRE SPÉCIAL

(ANNÉE PRÉPARATOIRE)

et contenant 46 figures intercalées dans le texte

DEUXIÈME ÉDITION

3e

PARIS

LIBRAIRIE HACHETTE ET Cie

79, BOULEVARD SAINT-GERMAIN, 79

1874

1880

EXTRAIT DES PROGRAMMES OFFICIELS

DE

L'ENSEIGNEMENT SECONDAIRE SPÉCIAL

GÉOLOGIE.

(ANNÉE PRÉPARATOIRE.)

1. L'attention des élèves est d'abord appelée sur la diversité des pierres et autres corps solides qui entrent dans la constitution du sol. Par l'étude des échantillons que ces enfants rapportent de leurs promenades, et qui varient naturellement avec la contrée, le professeur les accoutume à distinguer entre elles un certain nombre de roches : par exemple, le sable, le grès, le silex et le quartz cristallisé, l'argile et l'ardoise, la craie, le calcaire grossier, le granit, la lave, etc.

2. Le professeur s'occupe ensuite de l'examen des divers phénomènes actuels qui peuvent nous aider à comprendre comment beaccoup de terrains ont été formés.

Ainsi il profite des effets produits par une pluie d'orage pour montrer comment les terres meubles sont entraînées au loin par les courants ; comment les matières transportées de la sorte se déposent successivement à mesure que le courant se ralentit ; comment il se forme ainsi dans les ruisseaux, les rivières et les fleuves des alluvions qui s'accroissent par la superposition de couches nouvelles, et finissent par fermer des deltas, tels que ceux du Nil ou du Rhône. — Stratification de ces terrains. — Application de ces faits à l'explication des grands phénomènes *géologiques*.

3. Montrer comment les animaux qui vivent dans l'eau ou qui se tiennent près des bords de la mer, des lacs ou des rivières doivent souvent laisser leurs dépouilles dans les alluvions et autres dépôts analogues. — Origine des fossiles. — Effets produits par les grandes inondations. — Expliquer comment, d'après la nature des fossiles, on peut reconnaître si le dépôt est marin ou lacustre.

4. Expliquer comment l'eau répandue à la surface du globe s'évapore sans cesse, s'élève dans l'atmosphère et y forme les nuages, puis redescend sur la terre sous la forme de pluie, de neige, etc.

Montrer que l'eau tombée de la sorte imbibe le sol, mais ne filtre pas aussi facilement à travers la terre glaise qu'à travers le sable ou le gravier. Par conséquent, elle se trouve arrêtée quand, en descendant dans un sol meuble, elle rencontre une couche d'argile ou quelque obstacle analogue. — Application de ces faits à l'explication de la manière dont les puits sont alimentés par les eaux pluviales. — Montrer comment les fossés contribuent au desséchement des terres voisines.

Expliquer, à l'aide de ce qui a lieu dans les puits et dans les fossés, le mode de formation des sources, des ruisseaux, des rivières, etc.

Écoulement des eaux dans les grands bassins formés par les parties creuses de la surface du globe. — La mer reçoit donc ces eaux courantes et les rend ensuite à l'atmosphère par l'effet de l'évaporation.

Harmonie de tous ces phénomènes.

5. Montrer que l'eau pluviale, en lavant le sol, doit dissoudre diverses matières qu'elle y rencontre, et qu'en filtrant à travers les terrains perméables, elle doit se charger davantage de substances minérales ou autres. — Comparer l'eau recueillie dans une citerne et l'eau des puits. — Montrer que celle-ci, en s'évaporant, laisse un résidu pierreux. — Notions sur quelques sources incrustantes. — Origine des stalactites que l'on voit

dans les cavernes, etc. — Sources d'eau chargées de sel commun.

Autres exemples d'eaux dites *minérales*.

6. Température des caves, des mines, de l'eau des puits forés et des sources thermales naturelles. — Chaleur centrale de la terre.

D'après cette augmentation progressive de la température de l'écorce du globe, on peut présumer qu'à une certaine profondeur la chaleur doit être assez grande pour fondre les roches.

Exemples de la fusibilité des corps : le verre ; — le plomb ; — le fer, etc.

7. Récits au sujet des volcans. — Exemples de quelques volcans.

8. Les volcans ne sont pas les seules cheminées naturelles qui laissent échapper les matières fluides contenues dans l'intérieur du globe. — Exemples : Sources de vapeur ou de gaz. — Grotte du Chien près de Naples. — Comparaison des effets produits par les émanations du sol dans cette grotte et par la vapeur du charbon en combustion. — Sources d'air inflammable ; — sources de bitume, d'huile minérale, etc. — Comparaison entre ces phénomènes naturels et ce qui se passe dans un fourneau où l'on fabrique du gaz pour l'éclairage.

9. Montrer que les matières minérales dissoutes par l'eau, fondues par la chaleur ou transformées en vapeur, peuvent, en se solidifiant de nouveau, former des cristaux, etc. — Les matières minérales introduites ainsi dans des fissures de la croûte solide du globe ou dans les interstices d'un terrain meuble, peuvent donc s'y déposer, soit sous la forme de cristaux ou de grains, soit autrement, et constituer ainsi des amas. — Application de ces faits à l'explication de ce que c'est qu'un filon métallifère, une mine, etc. Exemples : mines de sel gemme. — Terrains ferrugineux.

10. Appliquer les notions précédemment acquises sur la chaleur centrale de la terre à l'explication de la forme de notre globe.

Raisons qui font penser que primitivement la terre était à

l'état de fusion. — Forme que prennent les liquides quand ils sont libres dans l'espace; forme des gouttes de pluie. — Des grains de plomb de chasse (mode de fabrication de ces grains). — Forme générale de la terre. — Indiquer brièvement quelques faits propres à prouver que la terre est ronde. — Indiquer la forme de la terre sans entrer dans l'exposé des moyens à l'aide desquels cette forme a pu être déterminée avec précision.

ÉLÉMENTS

DE

GÉOLOGIE.

CHAPITRE I.

LES CORPS DE LA NATURE.

§ I. — La matière.

Dans l'Univers, nous avons la perception de choses très-diverses, que l'on désigne collectivement sous les noms de *matière*, de *forces* et de *lois* qui régissent celle-ci.

Les *lois* sont immuables; mais certaines d'entre elles ne peuvent pas toujours se manifester en tous lieux. Lorsque, dans l'origine, la Terre n'était qu'un globe incandescent, l'eau, la glace ne pouvaient se produire; les lois sous l'empire desquelles la vie se manifeste, sous les formes soit végétale, soit animale, restaient à l'état latent sur la Terre; elles ne pouvaient agir que sur d'autres globes placés dans des conditions mieux appropriées.

Les *forces* diverses sont passibles de décomposition ou dédoublement, et de transformations des unes dans les autres, mais non de création et d'anéantissement absolus.

La *matière*, telle que les études des physiciens et des

chimistes nous la font connaître, ne peut être ni créée, ni anéantie. Elle n'est pas une, c'est-à-dire semblable dans toutes ses parties, mais formée, au moins sur la Terre, par l'assemblage de soixante-cinq substances simples et indécomposables, les unes répandues partout, comme le fer, le carbone; les autres très-rares, comme le cæsium, le rubidium, découverts il y a quelques années. Ces substances sont appelées éléments ou corps simples. (Les quatre éléments des anciens ne représentaient que les trois états de la matière : la *Terre* solide, l'*Eau* liquide, l'*Air* gazeux, et l'agent qui leur fait subir ces différentes transformations, le *Feu*. Les anciens ne pouvaient certainement ignorer que la Terre renferme une foule de substances de nature très-variée.)

Ces éléments ne peuvent être transmutés les uns dans les autres par aucun moyen au pouvoir de l'homme, comme le témoignent les travaux des générations d'alchimistes qui se sont successivement usées à la recherche de la pierre philosophale. Qui, dans ses travaux rudes ou délicats, a jamais vu un caillou, un morceau de fer, être anéantis ou se transformer en or ou en diamant?

Les soixante-cinq éléments ou corps simples qui entrent dans la composition de la Terre sont, pour les trois quarts, des *métaux* proprement dits, tous solides, à l'exception du mercure, et pour l'autre quart des *métalloïdes* solides, liquides ou gazeux. Moins d'un tiers, dix-sept seulement, existent à l'état d'isolement; les autres sont toujours engagés dans des combinaisons, soit avec les premiers, soit entre eux; et il n'appartient qu'au chimiste de les faire apparaître dans leur isolement et leur pureté.

Mais toutes les combinaisons que l'esprit pourrait concevoir sont loin d'être réalisées sur la Terre, parce que beaucoup de corps simples, ou sont très-rares, ou possèdent peu d'affinité les uns pour les autres. Ainsi dans l'air, qui est principalement un mélange de deux gaz : l'un, l'oxygène, a une très-grande affinité pour les autres corps, se combine avec presque tous et se rencontre presque partout; tandis que l'autre, l'azote, en a pour quelques-uns seulement et n'entre que dans un petit nombre de combinaisons.

L'homme peut en outre réaliser dans le laboratoire du chimiste et aussi dans les ateliers industriels, un nombre extrêmement grand de combinaisons qui n'ont jamais été rencontrées dans la nature. Mais ces combinaisons *artificielles* ne dérogent en rien aux forces et aux lois naturelles.

Les combinaisons entre les éléments ont lieu non en quantités relatives, variables et arbitraires, mais en proportions simples, définies et constantes en poids ou en volume; 1 d'un corps, et 1/2, 1, 1 1/2, 2, 3, etc., d'un autre; il n'y a pas d'intermédiaires.

§ II. — Les trois règnes.

Les corps terrestres se divisent en deux grands embranchements. L'un renferme les *corps* dits *inorganisés* et qui sont formés sous l'empire des lois chimiques et physiques seulement. Ces corps naissent immédiatement du rapprochement et de la combinaison des éléments chimiques qui les constituent. Un grand nombre d'entre eux peuvent être reproduits artificiellement. Ainsi, que l'on mêle ensemble de la soude et de l'acide chlorhydrique, et que l'on fasse évaporer et cristalliser le mélange, on obtiendra des cristaux de sel marin semblables aux cristaux naturels. Ces corps sont dans un état complet de repos; leur accroissement se fait par la superposition de lames de matière semblable qui viennent se joindre au noyau primitif. Les formes sont géométriques (cube, prisme, etc.), toujours anguleuses. Les dimensions des individus appartenant à la même espèce sont extrêmement variables et sans limites. Ces corps possèdent dans toutes leurs parties une composition et une structure semblables, et en les brisant on trouve chaque fragment identique à l'ensemble, sauf la forme. Ces corps, laissés dans les circonstances qui ont présidé à leur formation, peuvent se conserver indéfiniment sans la moindre altération, soit de texture, soit de composition; ce sont les *minéraux*.

L'autre embranchement comprend les *corps* dits *organisés*, formé de molécules agrégées sous l'influence d'une force particulière désignée sous le nom de *vie* et contrairement aux affinités chimiques. Chacun de ces corps ne peut se former que sous l'influence d'un autre corps vivant, semblable à lui, un parent duquel il reçoit une impulsion étrangère, le principe de vie nécessaire à son existence. Tous les efforts pour créer de toutes pièces des êtres organisés, même les plus simples, ont été jusqu'à présent infructueux. Les corps vivants sont tous le siége d'un mouvement intérieur et incessant de composition et de décomposition moléculaires, qui renouvelle constamment la matière qui les compose; sans cesse ils s'assimilent des parties étrangères pour compenser la perte incessante de celles qui les constituent. C'est ce qui constitue la nutrition. C'est de cet échange continuel de molécules que résultent les changements de volume de l'être, sa diminution et son accroissement. Les êtres vivants ont des formes arrondies, symétriques, non anguleuses; ils ont généralement pour chaque espèce (réunion des individus possédant les mêmes caractères) des dimensions moyennes qui ne varient guère dans l'état naturel, mais qui peuvent varier dans des conditions d'existence artificielles (chiens, plantes naines). Chaque partie d'un corps organisé a une structure qui lui est propre, a une destination spéciale pour le maintien de la vie dans l'être, et leur composition présente des différences. Privés de la vie seulement, sans que rien soit changé dans les circonstances où ils se trouvaient auparavant, ces corps rentrent immédiatement sous l'empire des lois chimiques et physiques. Ils changent de nature en se décomposant au bout d'un temps ordinairement assez court, surtout pour les animaux. Il se produit de nouvelles combinaisons stables qui passent alors dans le domaine des corps inorganisés. Comme les corps organisés ont une durée limitée et ne peuvent naître spontanément, ils auraient bien vite disparu de la Terre s'ils ne possédaient une autre propriété conservatrice, si ce n'est de l'individu, au moins de l'espèce, celle de pouvoir donner naissance à d'autres êtres semblables à eux, destinés à les continuer dans le temps et à les multiplier dans l'espace.

La composition chimique présente de grandes différences dans les deux embranchements. Un corps inorganisé peut être formé par un seul corps simple ou bien par la réunion de plusieurs corps quelconques. Chaque espèce a une composition chimique particulière, à part quelques rares exceptions. Les êtres organisés, au contraire, qui sont nombreux, résultent de la combinaison de trois à quatre seulement des corps simples, et leurs espèces se différencient seulement par les formes que ces combinaisons affectent, soit extérieurement, soit dans leur organisation intérieure.

Les corps organisés se divisent en deux groupes, les *animaux* et les *végétaux*. Lorsqu'on considère les êtres les mieux organisés, les plus supérieurs dans chacun de ces groupes, on aperçoit de suite des différences bien tranchées qui ne permettent pas de les confondre (chien et rosier), indépendamment des formes si différentes : l'un sent et se meut; l'autre, fixé en terre, est insensible. Et en comparant les autres êtres à ces deux types, on en aperçoit de suite des milliers qu'on range sans hésiter dans chacun de ces deux groupes. Mais si on vient à examiner des êtres doués d'une organisation moins compliquée, plus inférieurs par conséquent, un simple examen superficiel ne suffit pas. Les distinctions, si tranchées entre êtres supérieurs, s'effacent au fur et à mesure qu'on arrive à ceux qui sont les plus simples. Il y a même certains corps que l'on a considérés alternativement comme des concrétions minérales, des madrépores ou des végétaux calcarifères, qui ont semblé former un passage entre les deux grands embranchements. Toutefois, si le doute existe pour quelques corps naturels, les trois grands groupes connus sous les noms de règnes *minéral*, *végétal* et *animal*, n'en existent pas moins avec les caractères généraux distinctifs qui avaient déjà été définis ainsi par Linnée, il y a près d'un siècle et demi : Les minéraux croissent; les végétaux croissent et vivent; les animaux croissent, vivent et sentent.

§ III. — La Minéralogie.

Définitions. — La *Minéralogie* comprend l'étude des caractères généraux des minéraux et des lois qui les régissent, et celle de chacune des espèces minérales, au point de vue de ses propriétés et de son utilité. Elle exige des connaissances assez étendues en géométrie et en chimie, car ce qui constitue, ce qui caractérise une espèce minérale, c'est, d'une part, sa composition chimique ou la nature de ses éléments ; et de l'autre, sa forme cristalline ou géométrique.

Au point de vue pratique, elle apprend à connaître les différents minéraux employés tantôt directement, comme les pierres précieuses, l'or, le sel gemme, la houille, le marbre, les pierres à bâtir et à paver ; tantôt dans l'industrie, formant des matières premières pour l'extraction de produits utiles, comme les minerais de fer, de zinc, de cuivre, de plomb, les pierres à plâtre, à chaux, etc.

On donne le nom de *minéraux* ou d'*espèces minérales*, tant aux corps simples qu'aux combinaisons de tous les corps simples, 2 à 2, 3 à 3, 4 à 4, et quelquefois davantage, qui se rencontrent dans la nature.

Comme exemple de minéral que l'on rencontre très-fréquemment cristallisé, je puis montrer ici le quartz hyalin, ou *cristal de roche*, du Dauphiné. Les cristaux sont des prismes à six pans, terminés par une pyramide à six faces dont l'une d'elles a pris une très-grande extension aux dépens des cinq autres. Ils sont implantés obliquement, les uns par rapport aux autres, sur la paroi de la cavité dans laquelle a eu lieu leur formation.

Les minéraux, dans leur état le plus parfait, se présentent en cristaux, c'est-à-dire sous des formes géométriques toujours anguleuses :

Cube (sel, pyrite), octaèdre (fer oxydulé), prisme carré (idocrase), prisme hexagonal (quartz), prisme oblique (pyroxène).

C'est le *cristal* qui est le véritable individu dans le règne minéral. Un cristal est limité extérieurement par des

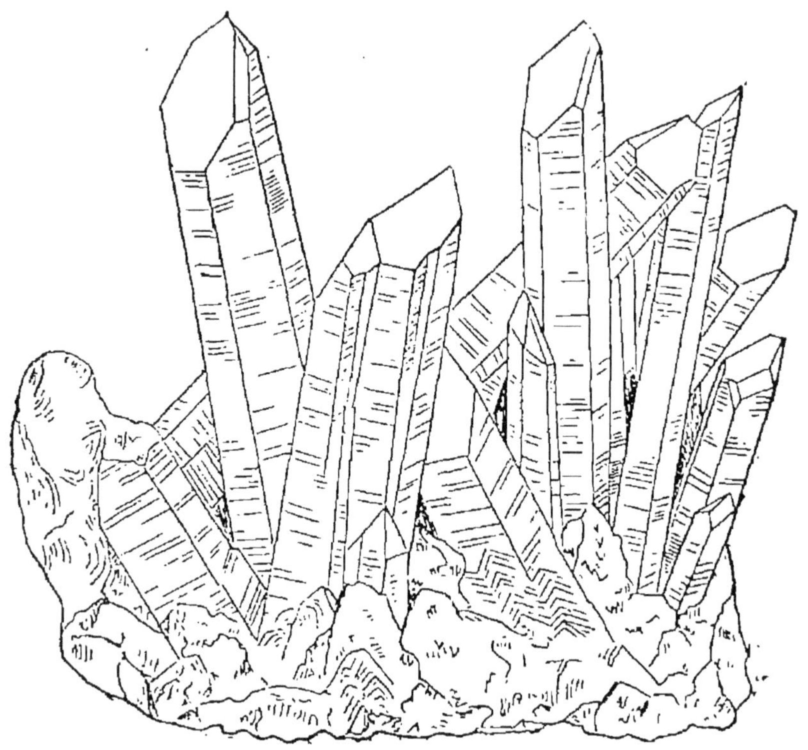

Fig. 1. — *Quartz ou cristal de roche.*

plans ou *faces*, dont les lignes de jonction forment des *arêtes* et des angles solides ayant une valeur constante, que l'on détermine à l'aide du *goniomètre*, et étant toujours en saillie et non rentrants dans les cristaux simples. Ces diverses parties du cristal sont ordonnées symétriquement par rapport soit à un point central, soit à une ligne appelée *axe* dans les cristaux allongés ; fréquemment les cristaux présentent intérieurement une disposition à se briser suivant des plans ordonnés régulièrement par rapport aux faces extérieures ou à l'axe intérieur. C'est le *clivage* que l'on produit très-facilement dans le calcaire spathique, mais qui fait complétement défaut dans le cristal de roche.

Un caractère constant et très-important est la *dureté*. On admet dix types, depuis le talc qui se laisse rayer par l'ongle, jusqu'au diamant qui est le corps le plus dur connu.

1. *Talc;* 2. *Gypse.* — *Très-tendres*, rayés par l'ongle;
3. *Calcaire;* 4. *Fluorine.* — *Tendres*, rayés facilement par l'acier;
5. *Apatite;* 6. *Orthose.* — *Demi-durs*, rayés difficilement par l'acier, ne faisant pas feu au briquet;
7. *Quartz;* 8. *Topaze.* — *Durs*, non rayés par l'acier, faisant feu au briquet;
9. *Corindon;* 10. *Diamant.* — *Très-durs*, rayés seulement par le diamant.

Minéraux principaux.—Les espèces suivantes doivent être décrites de préférence.

Calcaire. — Carbonate de chaux; tendre, trois clivages; donne de la chaux vive à la chaleur rouge, soluble dans les acides, avec une vive effervescence. Tantôt en cristaux et tantôt à l'état fibreux, laminaire ou spathique, grenu, donnant alors les véritables marbres dont les couleurs sont très-variées. Les marbres communs sont souvent des calcaires compactes, renfermant des parties cristallines dues à des corps organisés. Les calcaires compactes oolithiques et grossiers fournissent la pierre à bâtir de Paris, Bordeaux, etc., et aussi la pierre à chaux; le calcaire terreux est la *craie*.

Gypse. — Sulfate de chaux hydraté; très-tendre, rayé par l'ongle; un clivage, non flexible, souvent en cristaux dans les argiles; essentiellement cristallin, laminaire ou grenu, jamais compacte ou terreux; infusible; chauffé à 200°, il perd son eau, blanchit et donne le *plâtre*, si employé dans les constructions et comme stimulant en agriculture.

Quartz. — Silice ; dur, rayant le verre ; sans clivages ; infusible ; cette espèce, la plus abondante de l'écorce terrestre, varie peu dans ses formes cristallines, mais présente une foule de variétés de texture et de couleur qui ont été réparties en plusieurs sous-espèces que l'on peut cependant limiter ainsi : *quartz hyalin*, éclat vitreux, cristallisé ou cristallin, cristaux en prisme hexaèdre pyramidé, se trouvant dans toutes les roches et terrains d'origine ignée ou aqueuse ; quelquefois fibreux, grenu ou presque compacte, il forme des amas, des filons et de grandes assises sous le nom de *quartzite*. Le *sable* est du quartz hyalin pulvérulent, produit le plus souvent par desagrégation et trituration : agglutiné par un ciment siliceux, calcaire ou ferrugineux, il donne les *grès ;* s'il y a, en outre, des cailloux quartzeux ou siliceux, c'est le *poudingue*. — *Agate*, éclat mat ; compacte, translucide, en rognons à structure zonée, formés le plus souvent dans les cavités de roches volcaniques anciennes plus ou moins décomposées, comme dans le Palatinat. — *Silex*, éclat mat, compacte, peu translucide ; en rognons non zonés, blonds, gris ou noirs, dans les roches surtout calcaires des terrains secondaires et tertiaires. Employé comme pierre à fusil, à briquet, et par les sauvages pour fabriquer des armes diverses, flèches, couteaux, haches. Une variété cellulaire donne les pierres à meule de la Ferté-sous-Jouarre, de Houlbec, de Bergerac. — *Jaspe*, silex opaque renfermant jusqu'à un dixième de divers oxydes de fer, qui le colorent alors en vert, rouge ou jaune.

Amphibole. — Silicate de magnésie, chaux et fer ; demi dur, en prismes avec deux clivages à angles aigu et obtus vert plus ou moins foncé, arrivant au noir ; fusible en émail vert ou noir ; en cristaux, laminaire, grenu ; forme l'*amphibolite* et entre dans la composition de diverses roches ignées.

Pyroxène. — Silicate de magnésie, chaux et fer ; demi-dur, en prismes avec deux clivages à angles presque droits ; vert souvent noir ; fusible en émail vert ou noir ; en cristaux, grenu et compacte; entre dans la composition des laves et autres roches ignées.

Talc. — Silicate de magnésie et fer hydraté; très-tendre; rayé par l'ongle; laminaire par suite d'un clivage facile onduleux; vert clair, terne, flexible et non élastique, infusible; diverses roches en grandes assises d'origine ignée.

Mica. — Silicate d'alumine, magnésie, fer et potasse fluoré; tendre, en lames hexagonales avec clivage facile droit, très-brillant, flexible et élastique; infusible; couleurs très-variées; disséminé en quantités plus ou moins grandes dans les roches primitives, et dans la plupart des roches ignées; se trouve très-souvent en petites parcelles ou paillettes dans les roches argileuses et sableuses de sédiment. Des lames de grande dimension servent à faire des carreaux de vitre en Russie surtout pour les navires. Les paillettes forment souvent une poudre à sécher l'écriture, surtout lorsqu'elles sont d'un jaune d'or.

Feldspaths. — Il y a plusieurs espèces. *Orthose*, silicate d'alumine et de potasse; demi-dur; deux clivages perpendiculaires; ordinairement rose; difficilement fusible en émail blanc; espèce des plus abondantes, en cristaux disséminés dans des roches stratifiées cristallines et dans les granites et porphyres; laminaire ou grenu, elle forme beaucoup de roches ignées anciennes. — *Albite*, la soude y remplace la potasse et les deux clivages sont obliques; ordinairement blanc; se rencontre surtout dans les diorites. — *Labradorite*, la chaux y remplace la potasse et les deux clivages sont obliques; ordinairement gris, se rencontre surtout dans les roches volcaniques.

Kaolin. — Silicate d'alumine hydraté; très-tendre, infusible, mais durcissant au feu; matière argileuse blanche ou diversement colorée et faisant pâte avec l'eau, provenant de la décomposition des divers feldspaths et les accompagnant partout; à l'état de pureté en Chine, en Saxe, à Saint-Yrieix près Limoges, à Louhossoa près Bayonne, à Plémet (Côtes-du-Nord), où il est exploité pour la fabrication de la pâte de la porcelaine. Le kaolin imparfait, renfermant encore de la potasse, forme la matière appelée *petuntzé* qui donne la couverte ou vernis.

Parmi les minéraux ferrugineux qui jouent un rôle important se trouvent les espèces suivantes :

Fer oxydulé. — Oxyde de fer, magnétique; demi-dur, noirâtre, métallique, à poussière noire, en cristaux octaédriques, grenu ou compacte; donne un excellent minerai de fer en Suède.

Fer oligiste. — Peroxyde de fer non magnétique, demi-dur, métallique, noirâtre ou compacte, brun rougeâtre, à poussière rouge, constitue un bon minerai de fer dans l'Ardèche, l'île d'Elbe, la Suède.

Limonite. — Peroxyde de fer hydraté, tendre, brun ou jaune, à poussière jaune; chauffé, il donne de l'eau et devient rouge : minerai de qualité plus ou moins bonne, très-abondant en France.

Pyrite. — Sulfure de fer; dur, métallique, jaune, verdâtre; en cristaux cubiques sans clivages, en boules fibro-rayonnées, à l'état grenu ou compacte; brûle avec une odeur sulfureuse, en donnant de l'oligiste rouge; fréquent dans les roches surtout argileuses, et souvent pris pour de l'or, dont il se distingue facilement par sa fragilité sous le choc du marteau.

Combustibles fossiles. — Les végétaux qui ont vécu pendant les diverses périodes de l'existence de la Terre ont fourni des débris qui ont été enfouis dans les argiles et les sables, au fur et à mesure que ceux-ci se sont déposés. C'est ainsi qu'ont été produits les gîtes que le sol renferme dans presque toutes les contrées du globe, et dont la nature s'éloigne d'autant plus de celle des végétaux qu'ils appartiennent à des époques plus anciennes. — Le premier degré, c'est la *tourbe* qui se forme encore dans les marais et où les végétaux n'ont subi qu'une légère altération : elle est spongieuse et on y reconnaît facilement leur texture; elle brûle facilement avec flamme et fumée en donnant une odeur fétide, de l'acide acétique et un charbon très-léger qui ne s'éteint pas. — Le second degré, c'est le *lignite* qui est compacte, brun ou noir, brûle facilement avec flamme et fumée, en donnant une odeur bitumineuse, de l'acide acétique et une sorte de braise qui ne s'éteint pas. — Le troisième degré, c'est la *houille* qui est noire, compacte, fusible en se boursouflant; elle brûle avec flamme, fumée et odeur bitumineuse, en donnant un charbon spongieux appelé *coke* qui isolément s'éteint de suite. — Le quatrième degré, c'est l'*anthracite* qui est noire ou gris foncé, compacte, infusible, brûle sans flamme ni fumée, le temps ayant converti la matière végétale en une sorte de charbon très-compacte.

§ IV. — La Géologie.

Définitions. — La science nommée géologie a pour but de faire connaître celles des propriétés de la Terre que l'inaccessibilité des autres astres ne permet pas d'y étudier. Elle s'occupe de la configuration détaillée de sa surface, de la description des matériaux qui la composent, de celle des phénomènes qui s'y passent de nos jours, qui s'y sont passés depuis le commencement de son existence et de ceux mêmes qui semblent devoir s'y passer dans les siècles futurs. Elle exige des connaissances assez étendues en minéralogie et en paléontologie.

Au point de vue pratique, elle fournit les indications qui peuvent seules conduire soit à des recherches certaines et fructueuses des richesses minérales contenues dans le sein de la Terre, soit à leur extraction et à leur aménagement. Par richesses minérales, il faut entendre, non pas seulement les matières précieuses, mais tous les minéraux utiles, tels que les minerais métalliques, les pierres à bâtir, les argiles à poteries et briques, les matériaux servant à la construction et à l'entretien des routes, les marnes employées par l'agriculteur pour l'amendement des terres, etc. Si la géologie ne conduit pas toujours à la découverte des gîtes, elle préserve du moins de toute fausse direction et apprend à donner aux indices, aux apparences extérieures leur valeur réelle. Elle donne aussi les moyens de prévoir à l'avance quels seront les matériaux rencontrés dans les tranchées ou souterrains destinés au passage des canaux ou des chemins de fer, aux travaux de fortification des places de guerre; elle permet ainsi d'établir des devis de travaux présentant un degré d'exactitude qu'ils ne pourraient avoir autrement. La géologie donne encore des notions souvent très-précises sur les chances de réussite des projets de puits artésiens et sur la profondeur à laquelle il est nécessaire de pousser les forages, pour rencontrer les nappes d'eau ascendantes.

On entend par *roches* tout minéral ou tout mélange de minéraux à l'état solide (rocher) ou meuble (sable) qui se trouve dans l'écorce terrestre en masses assez considérables, pour qu'on puisse les regarder comme parties composantes de cette écorce et les prendre en considération dans son étude générale.

Le nombre des *roches* pourrait être fort grand si chacune des vingt-cinq espèces minérales principales était également abondante dans l'écorce terrestre, si elle formait une roche simple à elle seule et si elle s'unissait avec toutes ou beaucoup d'autres, soit deux à deux, soit trois à trois, soit en plus grand nombre.

Heureusement pour le géologue, il n'en est pas ainsi, car il y a des minéraux qui ne se trouvent jamais ensemble, soit parce que leur composition ne leur permet pas d'exister simultanément, soit parce qu'ils se trouvent dans des conditions de gisements différentes. Enfin, il est rare que, dans la composition d'une roche, il entre plus de trois espèces minérales. Lorsqu'il y en a davantage, l'une d'elles n'y est qu'en petite quantité et n'est qu'un accident qui contribue seulement à établir des variétés dans l'espèce.

Les minéraux et les roches se trouvent en *roche*, en *filons*, en *veines*, en *amas* ou en *cristaux isolés*.

Les matières minérales en *roches* sont celles qui se présentent en grandes masses dans le sol : ainsi, il arrive assez souvent qu'en examinant une carrière on la trouve ouverte dans une seule espèce. La masse peut alors présenter deux aspects différents : tantôt on n'y observe pas de *fissures* ou de *joints*, ou bien, s'il y en a, leur disposition est très-irrégulière. Le minéral est dit alors *massif* ou *non stratifié* : tantôt, au contraire, la masse présente dans un certain sens une série de fissures ou de joints sensiblement parallèles. Le minéral est dit alors *stratifié*. La *stratification*, ou cet état particulier, peut être horizontale, verticale ou diversement inclinée.

Les *filons* sont des masses minérales qui ont une grande longueur sur une épaisseur peu considérable : ils se trouvent au milieu des masses non stratifiées ou stratifiées. — Ils sont plus ou moins métallifères. Les *Dykes* sont pierreux. Les *veines* ne sont que des petits filons dont on voit ordinairement les extrémités.

La figure ci-contre montre une roche stratifiée et inclinée, qui a été traversée d'abord par deux filons visibles à la surface du sol, et ensuite par un troisième qui coupe le premier à angle droit et n'apparaît pas à la surface du sol.

Sous le rapport de l'*origine*, on nomme *plutoniennes* ou *pyrogènes* les roches qui ont été produites dans un état de fluidité ignée ; et *neptuniennes* ou *de sédiment* celles qui ont été déposées par les eaux. On nomme quelquefois aussi *pyro-neptuniennes* des matières d'origine ignée remaniées par les eaux, et *pluto-neptuniennes* des roches de sédiment modifiées par l'action de la chaleur, souvent au contact des roches ignées, comme le calcaire crayeux d'Irlande transformé en marbre par les basaltes.

La partie de la terre qui nous est accessible est loin d'avoir été produite par les mêmes causes et formée pendant une courte et unique période. Les recherches des géologues ont établi qu'une portion des matériaux qui la constituent est le résultat de la consolidation de matières antérieurement à l'état de fluidité ignée, tandis que l'autre portion est le résultat du dépôt de matières tenues en dissolution, en suspension dans les eaux ou transportées par elles dans leur lit. De là deux grandes catégories de matériaux : les uns, d'origine ignée, le plus souvent massifs, appelés *roches plutoniennes ;* les autres d'origine aqueuse stratifiés, dits *terrains neptuniens.* Ces deux catégories sont contemporaines l'une de l'autre, et dans chacune d'elles

Fig. 2. — Roche stratifiée avec filons.

les grandes subdivisions chronologiques suivantes ont été établies :

TERRAINS STRATIFIÉS.	ROCHES MASSIVES.
Terrains d'alluvion...............	Roches volcaniques.
Terrains tertiaires...............	
Terrains secondaires..............	Diorites et serpentines.
Terrains de transition............	Roches porphyriques.
Terrains primitifs................	Roches granitiques.

Certaines espèces minérales comme le quartz, la pyrite se trouvent de part et d'autre. Un grand nombre comme le feldspath, le mica, le talc, l'amphibole, le pyroxène, appartiennent exclusivement aux roches d'origine ignée. Il est aussi quelques espèces comme la limonite, qui ne se rencontrent que dans les terrains neptuniens.

Roches principales. — En outre de celles qui sont formées par une seule espèce minérale, et dont il a été ci-dessus question, les suivantes doivent être indiquées.

Talschiste. — Talc mélangé de quartz; schistoïde ou compacte; vert ou gris rougeâtre par décomposition, renfermant souvent du quartz ou des cristaux de divers minéraux, en grandes assises formant les assises supérieures du terrain primitif. Plateau central, Bretagne, Vosges, Alpes, Pyrénées.

Micaschiste. — Mélange de mica et de quartz; laminaire ou grenu schistoïde; gris ou noirâtre, avec cristaux de divers minéraux; forme les parties moyennes du terrain primitif. Limousin, Pyrénées, Alpes, Vosges.

Gneiss. — Mélange de feldspath orthose, de mica et de quartz; laminaire ou grenu schistoïde; rougeâtre, gris ou noirâtre; forme les parties inférieures du terrain primitif. Limousin, Lyonnais, Vosges.

Granite. — Mélange de feldspath orthose, de quartz et de mica; laminaire ou grenu; massif, rougeâtre, gris ou noirâtre, forme surtout les roches plutoniennes massives du terrain primitif. Limousin, Pyrénées, Bretagne. Employé surtout pour les bordures et le dallage des trottoirs dans les grandes villes; celui de Laber en Bretagne a fourni le soubassement de l'obélisque de Louqsor à Paris.

Porphyre. — Feldspath orthose ou albite compacte, avec cristaux de ces feldspaths et aussi de quartz et de mica; massif, rouge, vert, gris ou noirâtre; forme surtout les roches ignées des terrains de transition. Vosges, Roanne, Var.

Trachyte. —Feldspath compacte ou grenu poreux, rude

au toucher, avec cristaux; massif, gris, blanchâtre ou rougeâtre, formant un des éléments principaux des coulées volcaniques tertiaires. Auvergne, Guadeloupe, Martinique.

Diorite. — Mélange d'amphibole vert noirâtre et de feldspath labrador; laminaire ou grenu, en assises dans le terrain primitif; et massif, formant une des principales roches ignées secondaires.

Basalte. — Mélange de feldspath labrador et de pyroxène, avec fer oxydulé, formant une pâte compacte, noire, légèrement magnétique et renfermant des cristaux des mêmes minéraux; en coulées, souvent divisées en prismes par suite du retrait pendant le refroidissement. Une des principales roches volcaniques. Auvergne, Etna, Ile de la Réunion. Il prend le nom de *lave* lorsqu'il est rempli de cavités, et celui de *scorie* lorsqu'il est en outre plus ou moins vitreux.

Argile. — Silicate d'alumine hydraté variable ; matière blanche ou diversement colorée, faisant pâte avec l'eau provenant le plus souvent de la décomposition des divers feldspaths; mais délayée par l'eau et déposée sous forme d'amas ou de couches renfermant diverses matières étrangères, sable, mica, oxydes de fer et des corps organisés fossiles. Employée, suivant le degré de pureté, dans les poteries et les tuileries.

Marne. — Mélange d'argile et de calcaire, en proportions très-variables, faisant effervescence avec les acides; en couches dans les terrains secondaires et tertiaires; employée à l'amendement des terres arables, surtout sableuses.

Schiste. — Argile endurcie irrégulièrement feuilletée; grise ou noire, demi-dure, ne se délayant pas dans l'eau; en assises considérables dans les terrains de transition et surtout dans les terrains anciens. Les plus anciens, souvent satinés et à feuillets droits minces, donnent l'*ardoise*.

CHAPITRE II.

FORMATION DES ALLUVIONS.

§ I. — Pluies.

Alluvions. — Au moment d'une pluie abondante, tombant sur un sol uni et légèrement incliné, formé soit de matières pulvérulentes ou simplement concassées, comme les allées sablées d'un jardin ou une grande route macadamisée, soit de roches tendres, telles que la craie, la marne ou l'argile, il est facile d'observer en petit des effets semblables à ceux qui se produisent sur une échelle parfois énorme dans les plus grands cours d'eau du globe. Le sol est dégradé, raviné, et les matériaux détachés sont entraînés d'autant moins loin que leur volume est plus considérable; la plupart s'arrêtent dès que le sol devient presque horizontal; les sables fins continuent quelque temps encore et l'eau finit par ne plus garder que les matières argileuses ou la *vase*, qui ne se déposent que très-lentement et qui la troublent pendant longtemps. Si les eaux se rendent dans le fossé d'une route, ou dans une mare, on voit les sables s'accumuler au débouché de chaque filet d'eau, en formant un dépôt très-limité, qui grandit graduellement, à surface demi-conique, dont le sommet est au point de déversement du sable. Quant aux eaux troubles, elles se répandent beaucoup plus loin et vont faire des dépôts vaseux souvent dans toute l'étendue du fossé ou de la mare. Les feuilles, les brins de paille, les petits morceaux de bois, les insectes morts, les coquilles d'escargots, les petits os qui peuvent se trouver à la surface du sol sont souvent entraînés par ces filets d'eau et enfouis successivement, soit dans les sables, soit dans les dépôts vaseux qui se forment plus loin, souvent dans l'étendue entière de la mare.

Telle est l'origine d'un petit lit ou couche; le même effet répété vingt fois, cinquante fois dans le cours d'une année, donne naissance à une succession de petits lits qui parfois peuvent être distingués, soit par la nature ou la grosseur des grains, soit par leur couleur. Ces mêmes phénomènes, répétés pendant des siècles, formeraient des assises considérables renfermant les restes des végétaux et des animaux qui vivaient au moment du dépôt.

Si au lieu de se déposer dans les mares, les matières étaient amenées sur le bord de la mer, les dépôts contiendraient aussi des restes des êtres qui vivent dans l'eau salée (lesquels sont différents de ceux qui vivent dans l'eau douce ou à la surface du sol). Il pourrait même arriver que les dépôts ne renfermeraient que des restes d'êtres marins, si les filets d'eau n'apportaient du sol aucun reste d'être vivant.

Les roches sédimentaires, qui forment une grande partie de la surface de l'Europe et des autres parties du monde, et qui renferment tant de restes de végétaux et d'animaux *fossiles*, sont en partie dues à des phénomènes analogues qui se sont produits sur une vaste échelle et pendant un laps immense de temps.

Éboulements. — La pluie, en détrempant les couches argileuses qui alternent avec les roches dures, facilite les éboulements, qui ont lieu plus fréquemment dans les pays de montagnes, où les couches sont généralement inclinées, et où elles présentent de nombreuses fentes produites lors de leur bouleversement.

« L'année 1806, dit M. L. Figuier, fut marquée par la terrible catastrophe de Goldau. Au centre de la Suisse, dans le canton de Schwitz, sont situés un lac du même nom et un autre lac plus petit, celui de Lowerz. Entre leurs rives s'étend la belle vallée de Goldau. D'un côté, le Righi s'élance à 1400 mètres de hauteur; de l'autre côté, à 1100 mètres, le mont Ruffi ou Rosenberg. Ce sont des montagnes composées de couches de cailloux pétris d'une sorte de grès ou de marne à grains fins. Le 2 septembre, une partie de ces masses conglomérées se détacha

Fig. 3. — Vallée de Goldau avant l'éboulement.

du mont Ruffi. Dans la matinée, les habitants de Goldau entendirent un craquement terrible. A cinq heures du soir, les couches qui s'étendaient entre le Spitzbuel et le Steinbergerflue se détachèrent de la montagne et se précipitèrent, avec le bruit du tonnerre, dans la vallée, d'où leurs décombres remontèrent en bondissant le long de la base du Righi. Ces couches avaient une longueur de près de 4 kilomètres, 30 mètres de haut et plus de 300 mètres de large. En cinq minutes, les vallées de Goldau et de Busingen furent couvertes d'un amas de roches de 30 à 70 mètres de hauteur. Les villages de Goldau, Busingen, Lowerz, Ober-Rother et Unter-Rother furent complètement ensevelis sous les débris de la montagne. Une par-

Fig. 4. — Vallée de Goldau après l'éboulement.

tie du lac de Lowerz fut comblée; ses eaux s'élevèrent à plus de 20 mètres et allèrent dévaster tout le pays d'alentour jusqu'à Seewen. Deux églises, cent onze maisons, deux cent vingt granges et étables furent écrasées avec 484 habitants sous les gigantesques décombres. Un petit nombre seulement échappa au désastre : ceux que le hasard avait, à ce moment, éloignés de leurs demeures; mais ils perdirent tout ce qu'ils possédaient au monde. Le dommage a été évalué à deux millions et demi. — Au milieu de la solitude pierreuse, toute couverte d'herbe et de mousse, où furent jadis de florissants villages, et que traverse maintenant la grande route d'Arth à Schwitz, on a érigé une chapelle destinée à rappeler le souvenir de cet événement funeste. »

§ II. — Torrents, rivières et fleuves, deltas.

Le débit ordinaire et journalier des sources, la fusion des glaciers des montagnes, la fonte des neiges, les fortes pluies, donnent naissance à des courants d'eau, tantôt constants et tantôt accidentels, qui, d'après l'inclinaison plus ou moins forte de leur fond et leur volume, constituent les torrents, les ruisseaux, les rivières et les fleuves.

Torrents. — Parties supérieures des cours d'eau et cours d'eau eux-mêmes qui ont une assez grande rapidité par suite de l'inclinaison du sol sur lequel ils coulent. Ils sont très-fréquents, surtout dans les pays de montagnes. Les torrents ont le plus souvent une action destructive sur leurs rives, surtout quand celles-ci sont formées de roches peu dures; ils transportent des sables, des graviers, et ils entraînent des quartiers de roches dont la grosseur est proportionnée à la rapidité et au volume du courant. Ces derniers, pendant leur transport, se frottent les uns contre les autres, s'usent, prennent des formes arrondies et deviennent les matériaux qui constituent les conglomérats appelés poudingues. Les parties fines donnent soit les grès et les sables, soit les roches argileuses. Tous ces matériaux continuent à être transportés et atténués de plus en plus, jusqu'au moment où ils sont amenés, soit dans des lacs, soit dans des mers, où ils peuvent se déposer. Quand un torrent diminue beaucoup de vitesse par suite d'un grand adoucissement de la pente de son fond, ce qui arrive, en général, au débouché des torrents dans les plaines, alors les matériaux assez fins continuent seuls à être transportés; les plus grossiers forment des dépôts,

Fig. 5. — Cascade de Gavarnie (Hautes-Pyrénées).

des atterrissements qui exhaussent les dernières parties du lit de ces torrents et le sol des plaines où ils arrivent. C'est ce que l'on peut parfaitement voir dans les grandes vallées des Alpes, qui offrent des accumulations de matériaux caillouteux plus ou moins grossiers en forme de demi-cône adossé au flanc de la vallée, et dont le sommet est au débouché du torrent.

Les dénivellements subits et considérables du lit des torrents occasionnent les *cascades* si fréquentes dans les montagnes; parmi les plus célèbres sont : celle du Staubach, de l'Oberland dans les Alpes bernoises, qui a 330 mètres de hauteur, et dont les eaux arrivent au bas en grande partie à l'état de pluie. Celles de Gavarnie, au-dessus de Luz dans les Hautes-Pyrénées, varient suivant les saisons et la quantité des neiges; mais il en est deux qui ne tarissent jamais; l'une d'elles a 422 mètres de haut, elle glisse le long du rocher; en été, elle est rompue aux deux tiers par une saillie du rocher, et quand on arrive au-dessous d'elle, on n'en voit plus que la partie inférieure, haute de 130 mètres environ.

Rivières et fleuves. — Ces cours d'eau diffèrent des torrents en ce que la masse d'eau transportée est plus considérable, et en ce qu'elle est animée d'une moins grande vitesse, par suite de la moindre inclinaison du fond. Il en résulte que les matériaux transportés sont à grains fins en général. C'est seulement dans les grandes crues que les fleuves peuvent faire avancer les cailloux qui sont sur leur fond; la plupart du temps ils ne transportent que des troubles formés par des argiles délayées ou bien par des sables fins tenus en suspension ou roulés sur le fond. Lorsque la vitesse du cours d'eau se ralentit par suite d'une moins grande pente du sol, une partie des sédiments se déposent, ainsi que cela arrive le plus souvent dans le voisinage de l'embouchure ; il se forme alors des bancs de sable ou de vase argileuse qui encombrent le lit du fleuve; ces bancs sont généralement formés de couches moins régulières, qui renferment les débris de tous les êtres fluviatiles à parties dures, susceptibles de se conserver, qui vivent dans le fleuve lui-même et tous ses affluents, ainsi que des êtres terrestres, qui habitent dans le voisinage des bords ou bien sur les parties du sol qui sont lavées, balayées par les pluies torrentielles, ou bien encore qui peuvent être jetés par les vents dans le lit du fleuve, ainsi que cela peut avoir lieu notamment pour les végétaux.

Les fleuves, notamment dans les grandes crues, alors que leur rapidité est la plus grande, dégradent aussi leur lit et en transportent les matériaux les plus fins dans les

Fig. 6. — Cataracte du Rhin, près Schaffouse (Suisse).

endroits où le courant est moins rapide ou bien vers leur embouchure.

Lorsqu'un cours d'eau franchit plus ou moins brusquement une différence de niveau un peu considérable, on donne à ses chutes les noms de *sauts*, de *cataractes* et de *rapides*. Celui de sauts annonce une chute unique; celui de cataractes indique ordinairement que le fleuve éprouve plusieurs chutes consécutives. Le nom de rapides s'emploie lorsque la chute n'est pas très-forte, mais suffit pour intercepter la navigation ou du moins pour la rendre dangereuse.

L'une des cataractes les plus célèbres en Europe est celle que forme le Rhin, près de Schaffouse. Immédiatement en aval du pont de cette ville, son cours est troublé par une multitude d'écueils qui se succèdent jusqu'à Lauffen, où les eaux se précipitent de 16 à 20 mètres sur une largeur de 100 mètres.

Deltas. — « Les débris que les fleuves, dit M. L. Figuier, détachent des terrains qu'ils traversent, sont entraînés dans les plaines, là où commence leur cours inférieur. On reconnaît ce dernier point à ce que la pente devient de moins en moins sensible. Le fleuve Sénégal n'a plus, à son embouchure, que 3 millimètres de pente par kilomètre. Il en résulte que le mouvement des eaux d'un fleuve se ralentit à mesure qu'il se rapproche de l'Océan; ces eaux abandonnent alors le sable et les fanges qu'elles charrient, leur lit s'exhausse, et c'est ainsi que se produisent les *atterrissements*, les *deltas*, les *barres de sable*, etc.

« Les dépôts qui se forment à l'embouchure des fleuves donnent quelquefois naissance à de vastes contrées, qui augmentent l'étendue des continents. Le sol de la Hollande a été formé, en partie, par les dépôts du Rhin, de l'Escaut et de la Meuse. Ces mêmes fleuves laissent encore déposer tous les jours, pendant les calmes qui accompagnent la marée montante, des sédiments terreux considérables, qui exhaussent peu à peu leurs rivages. En les protégeant par des digues contre les marées, les habitants assurent la conservation des terres nouvelles qui se forment ainsi. Ces terres sont d'une grande fertilité : on leur donne, en Hollande, le nom de *polders*.

« Les atterrissements riverains finissent par séparer, par diviser les eaux au sein desquelles ils ont pris naissance, et la terre prend, entre les deux courants, une forme triangulaire; de là le nom de *delta* (Δ), qu'on donne aux terrains ainsi divisés. Le plus célèbre est le *delta du Nil*, qui s'accroît encore tous les jours. Toute la vallée du Nil s'exhausse de 9 centimètres par siècle, ainsi qu'on a pu le constater par l'enfoncement progressif des monuments. Les forages exécutés par M. Horner, sous la statue de Rhamsès, à Memphis, ont montré que le sédiment du Nil a 9 mètres d'épaisseur sous les fondations du monument, qui, elles-mêmes, sont à 3 mètres au-dessous de la surface actuelle du sol. Il semble résulter de là que le Nil aurait commencé d'inonder l'Égypte 10 000 ans avant l'ère de Rhamsès, c'est-à-dire il y a 13 500 ans. On a découvert, à une profondeur de près de 12 mètres, un tesson de poterie. Faudra-t-il conclure de cette trouvaille que l'existence de l'homme remonte à plus de 140 siècles?

« Le *delta du Rhône*, en France, est bien connu. C'est là qu'existent ces plaines entrecoupées de marais, ici fertiles par suite de l'abondant dépôt limoneux du fleuve, là submergées par les eaux stagnantes, et bonnes seulement, comme aux environs d'Aigues-Mortes, à produire des roseaux de marais. »

Des dépôts analogues se forment au débouché des cours d'eau dans les lacs d'eau douce, comme ceux de la Suisse, de l'Italie septentrionale, de l'Amérique du Nord, etc.

§ III. — Marais, lacs, mers intérieures.

Marais et tourbières. — Ce sont des amas d'eau stagnante, susceptibles de se dessécher, au moins en partie, dans les saisons sèches, et qui sont alimentés soit par des sources, soit par des rivières, lorsqu'ils sont placés sur les bords de celles-ci, comme ceux de la vallée de la Somme et ceux du Bec-d'Ambez sur la Garonne. Les marais sont habités par un grand nombre de végétaux tant terrestres qu'aquatiques qui vivent entièrement submergés dans les eaux. Certaines espèces de mousses, telles que les sphagnum, y abondent. Ces végétaux meurent successivement et les débris qui restent sur place donnent les accumulations de matière végétale altérée, désignée sous le nom de tourbe. Fréquemment on y trouve des grands arbres qui sont enfouis plus ou moins profondément dans la masse, et qui se font remarquer surtout dans la partie inférieure, où ils sont amassés sur les sables et les argiles qui en forment le fond. Quelquefois ces arbres paraissent être debout, mais le plus souvent ils semblent avoir été brisés sur place et renversés auprès de leurs racines qu'on trouve encore fixées au fond de la tourbière. Dans certains cas, ils sont extrêmement nombreux et semblent indiquer des forêts entières qui auraient été englouties dans le lieu même où elles croissaient, avant la formation de la tourbe. Toutes ces plantes se rapportent à la végétation actuelle : ce sont des arbres résineux, des chênes, des bouleaux, quelquefois des frênes, des ormes, etc. Les premiers sont, en général, les mieux conservés; ils ont surtout gardé toute leur solidité et sont seulement noircis; les autres, au contraire, sont en quelque sorte réduits en terreau qui tombe en poussière par le dessèchement. Il se trouve souvent aussi des débris de mammifères dans les tourbières, et ils appartiennent généralement encore à des animaux de l'époque actuelle; ce sont des ossements de bœufs, des bois de cerfs et de chevreuils, des défenses de sangliers, etc.

La production de la tourbe exige toutefois que le climat du pays soit humide et un peu froid, car une trop grande chaleur activerait trop la destruction des végétaux, et il resterait peu de résidus. C'est pour cela que dans le midi de la France les tourbières sont rares, tandis que dans le Nord elles sont très-nombreuses et très-étendues. Des vallées entières, comme celles de la Somme, en renferment sur la plus grande partie de leur longueur. Lorsque, dans la saison des pluies, les tourbières sont recouvertes par des eaux contenant une grande quantité de sédiments sablonneux et argileux, il se produit alors des couches de sable et d'argile qui recouvrent les tourbes; au bout d'un certain nombre d'années, on trouve des alternances de tourbe et de couches terreuses qui présentent alors une grande analogie avec ce qu'on observe dans les dépôts de lignite et même de houille qui existent dans les divers terrains; il n'y a nul doute qu'une partie de ces dépôts ne doive même son origine à des dépôts formés de la même manière.

Enfin, dans les marais, il se forme aussi des tufs calcaires, lorsque des sources chargées de carbonate de chaux y déversent leurs eaux.

Les marais placés dans le voisinage de la mer nourrissent des êtres organisés marins, comme on doit s'y attendre; il s'y forme également des tourbes comme sur les côtes du Finistère et des îles Britanniques.

Lacs d'eau douce. — Tantôt ils se trouvent sur le trajet des fleuves, comme ceux qui entourent la chaîne des Alpes, tant en Suisse qu'en Lombardie, comme ceux de l'Amérique du Nord; tantôt ils sont à la terminaison de ceux-ci, comme le lac Tchad dans l'intérieur de l'Afrique, et plusieurs qui se trouvent dans l'Asie. Dans les deux cas, tous les matériaux charriés par les cours d'eau sont déposés sur le fond de ces amas d'eau, et lorsque, dans le premier cas, le fleuve continue son cours, les eaux à la sortie du lac sont complétement claires. Le Rhône, par exemple, à son entrée dans le lac de Genève, est presque toujours fort trouble, tandis qu'à sa sortie il est d'une limpidité extrême qui étonne toujours. Les dépôts, comme on doit s'y attendre, sont beaucoup plus abondants près de l'embouchure des cours d'eau, les matériaux y sont aussi plus grossiers; ils sont, en général, sableux. Loin de l'embouchure, ils sont, au contraire, moins abondants et formés plutôt par de l'argile qui reste plus longtemps en suspension dans l'eau. Les couches présentent par suite de légères inclinaisons, de quelques degrés par exemple. Lorsque des eaux calcaires se déversent dans les lacs, il se fait de véritables travertins, et même des calcaires compactes formés par précipitation chimique, comme en Écosse, en Hongrie, etc. Tous ces dépôts, comme on doit s'y attendre, ne présentent que des corps organisés, terrestres ou vivant dans les eaux douces.

Les dépôts terrestres sont faits et situés à diverses hauteurs, sans avoir subi d'exhaussement, et il a pu nécessairement en être ainsi pendant les anciennes périodes géologiques.

Lacs salés et mers intérieures. — Les phénomènes qui s'y passent sont absolument semblables à ceux des amas d'eau douce : seulement, lorsque la salure est analogue à celle de l'Océan ou plus faible, comme dans la mer Caspienne, il y a un grand nombre d'êtres organisés marins, tandis qu'il y en a fort peu lorsqu'elle est extrême, comme pour les autres bassins asiatiques. Les roches calcaires, qui se déposent, ne possèdent nullement le faciès lacustre, mais sont des calcaires grossiers formés surtout par les débris des coquilles marines.

On peut donc trouver des dépôts marins à des niveaux très-différents et sans qu'ils aient éprouvé le moindre dérangement, pourvu qu'ils aient été formés dans des bassins isolés.

§ IV. — Océans et golfes.

Océans. — Leurs eaux sont claires et limpides, excepté près des côtes où l'agitation des vagues détache sans cesse des particules terreuses et les entraîne jusqu'à une certaine distance. Dans le voisinage de l'embouchure des fleuves aussi, les mers présentent souvent des teintes diverses dues aux matières apportées par ces cours d'eau et qui sont transportées au loin par les courants marins. Ainsi la mer à l'embouchure de la Gironde est souvent jaune, et cette teinte se répand assez loin le long de la côte vers le sud. La rivière des Amazones trouble souvent le cours de l'Atlantique, dans certaines directions, jusqu'à 800 kilomètres de l'embouchure.

La mer Jaune, en Chine, a reçu son nom de la coloration due à des causes semblables. Quant à la mer Rouge, c'est à la grande quantité de polypiers et animaux rouges qui peuplent son fond qu'elle doit sa dénomination.

Dans les endroits où l'eau de la mer est le plus limpide, il paraît que la lumière ne pénètre cependant pas à une grande profondeur. Une obscurité presque complète paraît déjà régner à une centaine de mètres, et il est assez probable qu'il ne vit plus qu'un très-petit nombre d'espèces, soit animales, soit végétales, au-dessous de ce niveau.

L'eau de mer a une densité un peu supérieure à celle de l'eau ordinaire, par suite des matières salines qu'elle tient en dissolution. Comme la proportion de ces matières, ou le degré de salure de la mer, présente peu de différences dans les divers océans, la densité varie fort peu aussi.

Toutefois dans les mers polaires, la congélation de l'eau qui produit de la glace pourrait bien augmenter momentanément en hiver la salure; mais les différences de densité occasionnent des courants qui rétablissent l'équilibre. Mais lorsqu'en été les glaces viennent à fondre, l'eau douce, plus légère, se maintient à la surface et y diminue notablement la salure et la densité.

On peut conclure de la quantité de sel marin contenu dans un litre d'eau de l'Océan que la quantité existant dans toutes les mers formerait, si on la supposait étalée sur le globe, une couche de plus de 10 mètres de hauteur.

Golfes. — Dans ceux qui ne communiquent que par des ouvertures étroites ou même larges avec l'Océan, la densité et le degré de salure sont tantôt plus grands, tantôt plus petits. Si le golfe reçoit de grands fleuves et que l'évaporation ne suffise pas pour rétablir l'équilibre, alors il y a un écoulement continuel du trop-plein dans l'Océan; et comme les eaux marines sont remplacées par des eaux douces, la densité et le degré salin diminuent. C'est le phénomène qui se passe dans la mer Jaune de Chine, la mer Blanche; la mer d'Azow et la mer Noire, le canal de

Constantinople donnant passage à un courant assez rapide qui se porte sur la Méditerranée.

Le contraire a lieu pour la Méditerranée : les fleuves qui s'y rendent n'apportant pas une quantité d'eau égale à celle qui est perdue par l'évaporation, il y a alors au détroit de Gibraltar un courant qui apporte continuellement des eaux salées de l'Océan dans cette mer. Aussi la salure et la densité de cette mer sont-elles un peu supérieures à celles de l'océan Atlantique.

Les analyses montrent plus directement les grandes variations qui existent dans la quantité absolue et même dans la proportion relative des différents sels. Je donne comparativement les analyses d'un litre ou kilogramme des eaux de plusieurs de ces mers se déversant les unes dans les autres, et de la Manche à quelques lieues du Havre.

	AZOW.	M. NOIRE.	MÉDITER.	MANCHE.
Total des matières salines.	11gr,880	17gr,666	43gr,735	32gr,657

Ainsi des bassins maritimes situés au même niveau et débouchant les uns dans les autres peuvent se trouver dans des conditions de salure fort différentes, surtout lorsque soit le premier, soit tous, reçoivent un ou plusieurs grands fleuves.

La température moyenne des parties superficielles de la mer n'est pas très-différente de celle de l'air et varie par suite beaucoup avec les latitudes. A une profondeur variable, suivant celles-ci, on rencontre toujours une température qui approche beaucoup de celle du maximum de densité de l'eau, 4°, et qui reste à peu près la même sur tous les points de la surface de la terre. Dans les régions équinoxiales et tempérées, la température décroît donc à mesure que l'on s'enfonce, tandis qu'au contraire, dans les régions froides, la température va sensiblement en augmentant.

Dans les régions intertropicales, où la température varie peu, les eaux des mers, à une certaine profondeur, sont dans un état de repos presque parfait, puisque rien ne vient y apporter de changements dans la densité.

Mais dans les régions polaires, où la surface se refroi-

Fig. 7. — Ressac à la pointe du Raz (Finistère).

dit et se réchauffe alternativement, il doit y avoir des courants continuels de la surface vers le fond, qui portent dans les profondeurs des eaux au maximum de densité, à 4°, et qui ramènent à la surface des eaux soit plus chaudes, soit plus froides, dont la densité est moins considérable.

Vagues. — Les eaux de l'Océan sont agitées par trois causes différentes : les *vagues*, les *marées* et les *courants*, qui produisent des genres d'effets différents.

La cause qui fait le plus sentir son action sur les côtes est, sans contredit, celle des vents. Les *vagues* sont des agents puissants, soit pour dégrader les portions des côtes qui font saillie dans la mer, soit pour déposer des matériaux dans les parties rentrantes, telles que les petits golfes, les baies, les anses. Mais les vagues n'ont d'action qu'à une assez faible distance au-dessus et au-dessous du niveau moyen de la mer. Leur action dégradante, si puissante vers ce point, cesse à 5 ou 6 mètres au-dessous, la mer n'étant plus agitée que fort doucement par les marées et les courants. Les matériaux arrachés par les vagues aux falaises, ou bien ceux qui sont mis à leur disposition par les fleuves et les torrents, subissent sur la plage un mouvement de va-et-vient qui les atténue en donnant aux gros fragments la forme de galets, c'est-à-dire de disques à contours arrondis. Il résulte donc de l'action des vagues, des argiles, des sables et des galets dont une partie reste dans le lit de la mer et dont l'autre est rejetée dans les parties rentrantes des côtes.

On donne le nom de *ressac* au choc des vagues qui frappent avec impétuosité une terre ou un rocher et qui s'en retournent de même ; il produit des usures, des corrosions dues surtout au sable et aux galets qui sont entraînés et balancés par les vagues, et aussi des affouillements qui préparent des chutes de portions souvent considérables des falaises.

Marées. — Produites par l'attraction de la lune et du soleil, elles ont pour effet, lors du reflux, de laisser les plages à découvert et de faciliter ainsi la formation des dunes ; lors du flux, surtout dans les grandes marées, les vagues rejettent à des hauteurs plus grandes que d'ordinaire des galets, des sables et des coquilles que l'on pourrait regarder comme des preuves d'un abaissement de la mer ou d'une élévation de la côte, si on n'y regardait de près.

Courants. — Ceux qui sont *généraux*, au moins, sont dus aux différences de densité des eaux de la mer, résultant de la différence de température dans les différentes zones, combinées avec les différences énormes qui existent dans la vitesse de rotation des masses d'eau suivant les latitudes, le tout influencé par la configuration des côtes.

En général, des courants partent des régions polaires australes, remontent vers le nord et s'infléchissent graduellement vers l'ouest pour prendre cette direction dans les régions équatoriales, tout aussi bien dans les océans Indien et Pacifique que dans l'océan Atlantique. Ils sont ensuite arrêtés par les côtes orientales de l'Amérique, de l'Afrique, des îles Asiatiques et de l'Asie, et réfléchis vers le nord-est.

Dans l'océan Atlantique en particulier, le courant parti des régions polaires passe devant le Congo, contourne le golfe de Guinée, tourne à l'ouest sous l'équateur et se bifurque au milieu de l'Atlantique. La branche sud descend le long de la côte du Brésil et revient probablement en remontant la côte ouest de l'Afrique. La branche nord suit les côtes du Brésil et de la Guyane, entre dans la mer des Antilles et se dirige, renforcée par le courant qui arrive du nord-est, dans la baie de Honduras, traverse le canal de Yucatan et entre dans le golfe du Mexique, d'où elle débouche par le canal de la Floride, sous le nom de *Gulfstream* (courant du golfe). A sa sortie du canal de la Floride, il a une largeur de 55 kilomètres, une profondeur de 670 mètres et une vitesse de 7 kilomètres et demi par heure; la température de ses eaux dans ces parages est de 30°. Des rivages américains, le courant se dirige au nord-est vers le Spitzberg; sa vitesse et son épaisseur diminuent en même temps qu'il s'étend en largeur. Vers 43° de latitude, il se divise en deux bras, dont l'un va frapper les côtes d'Islande et de Norvége; il réchauffe les eaux glacées de la mer Boréale. L'autre bras s'infléchit non loin des Açores, vers le sud, et va rejoindre la côte d'Afrique, d'où il revient dans la mer des Antilles.

Les *courants*, soit généraux, périodiques ou temporaires, dont l'action se fait sentir à la surface et à une grande profondeur aussi, ont une action très-puissante sur la répartition et la dissémination sur le fond de la mer des matériaux atténués, abandonnés par les vagues ; les troubles argileux sont transportés quelquefois fort loin même à la surface de la mer. Les sédiments amenés par la rivière des Amazones, par exemple, troublent encore la mer à plus de 200 kilomètres de l'embouchure, sur les côtes de la Guyane. Quant aux corps organisés qui peuvent flotter, ils sont transportés à des distances bien autrement considérables : des bois et des fruits amenés à la côte par ces fleuves, qui débouchent dans le golfe du Mexique et même par l'Amazone et l'Orénoque, sont transportés journellement par le Gulfstream, sur les côtes d'Islande, du Spitzberg et même de la Sibérie, parcourant ainsi près d'un quart de la circonférence du globe ou 2000 lieues. La dissémination des sédiments par les courants marins jusqu'à une grande distance des côtes donne non-seulement une grande étendue aux dépôts qui en sont le résultat, mais aussi une uniformité et une horizontalité que n'atteignent pas les dépôts qui se forment dans les lacs et les mers intérieurs, trop petits pour que des courants s'y établissent.

Alluvions marines. — Les dépôts qui se font dans la mer consistent d'une part en sédiments résultant du charriage des fleuves et de l'action destructive des vagues sur les falaises ; ce sont des marnes, des argiles, des sables et des amas de cailloux, qui, par la consolidation, donnent des grès et des poudingues, au milieu desquels se trouvent de nombreux débris de corps marins surtout, les corps terrestres ou fluviatiles étant déposés de préférence dans le voisinage des embouchures, où ils sont cependant mêlés avec des corps marins. D'un autre côté, il se fait des dépôts de calcaires, là où des sources calcaires débouchent dans la mer, ou bien dans les endroits où vivent de nombreux mollusques ou polypiers ; une partie de ces corps est réduite à l'état de sable et sert d'emballage au reste qui alors est préservé de la dégradation. Il en résulte de véritables faluns semblables à ceux qu'on observe dans les terrains tertiaires des environs de Bordeaux, de Paris, etc. Lorsque ces faluns sont solidifiés par des infiltrations calcaires, il en résulte des calcaires grossiers plus ou moins semblables à ceux qui se trouvent dans tous les terrains. Si l'atténuation des coquilles est poussée très-loin, on aura des boues calcaires qui donneront par le dessèchement de véritable craie et, par leur durcissement au moyen d'un ciment calcaire, des calcaires compactes, semblables à ceux du terrain jurassique par exemple.

Bancs ou récifs madréporiques. — « D'après la composition de l'eau de l'Océan et de la Méditerranée, dit M. L. Figuier, on voit que les sels de chaux, de potasse, l'iode et la silice n'y figurent qu'en proportions infinitésimales. Cependant la chaux et la silice contenues dans l'eau de la mer y jouent un rôle d'une très-grande importance; car ces quantités, qui nous paraissent si faibles, deviennent énormes dans la masse entière des océans. C'est aux dépens du carbonate de chaux et de la silice dissous dans les eaux de la mer, que les animaux marins forment leur test solide, leur coquille ou leur carapace. C'est par suite de la vie des polypiers que s'édifient, au sein des mers, ces *îles à coraux*, qui ont toujours été un sujet d'étonnement pour l'observateur.

« L'océan Pacifique et la mer des Indes sont parsemés d'îles en voie de formation, qui doivent leur origine aux polypiers et aux coraux. Pour s'accroître et se développer, ils ont besoin d'être constamment baignés par les flots. Ils produisent sans cesse des dépôts calcaires; ces dépôts s'entassent rapidement et finissent par s'élever jusqu'à fleur d'eau. C'est alors que les épaves et les débris de toute espèce que la mer charrie, arrêtés par ces masses émergées, retenues dans ces îlots naissants, s'y déposent et les recouvrent d'une couche de terreau fertile, sur lequel la végétation ne tarde pas à se développer, grâce aux semences que la mer et les oiseaux y transportent plus tard.

« Ces îles sont ordinairement très-boisées. Il arrive presque toujours que les sommets des îlots de corail qui émergent simultanément autour d'un autre sommet sous-marin, se réunissent et forment un circuit annulaire, dont le centre est un petit lac, et dans lequel on trouve en nombre les coquillages qui produisent la perle et la nacre. Telles sont les îles d'Oeno et de Witsunday, dans l'archipel de Pomotou. Avec le temps, cette ceinture s'élargit latéralement; les ouvertures qui donnaient accès aux lagunes intérieures, se ferment, et quand le petit lac intérieur a été comblé ou s'est desséché, l'île prend peu à peu l'aspect des îles ordinaires. Les archipels des Maldives, des Chagos et des Laquedives, au sud de l'Inde, sont d'origine madréporique. Parmi ces îlots, que l'on désigne sous le nom d'*Attols*, il en est de si récents que nos pères les ont vus naître.

« Ces agrégations forment dans l'Océanie d'innombrables récifs. Les grandes îles de cet archipel de nouvelle formation s'entourent, par le travail lent des polypiers, d'une barrière de récifs, qui s'élève à une certaine distance de la côte, et en rend l'abord très-dangereux. La côte orientale de la Nouvelle-Hollande est garnie, entre 9° et 25° de latitude sud, d'une ceinture de cette espèce. Le banc de corail qu'on appelle la *Grande-Barrière* a une longueur de 1770 kilomètres et une largeur moyenne de 50 kilomètres, ce qui donne une surface de 88000 kilomètres carrés. »

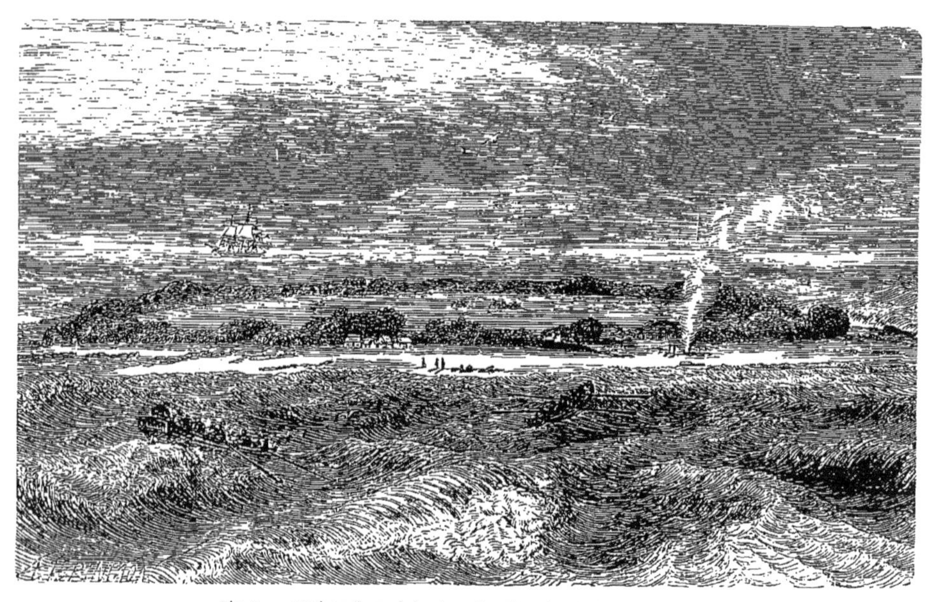

Fig. 8. — Attol ou île madréporique de Witsunday (archipel Pomotou).

CHAPITRE III.

FOSSILES.

Sens du mot fossile. — Cette partie des sciences naturelles qui s'occupe des corps organisés, animaux et végétaux, qui se trouvent dans le sein de la terre, porte le nom de *paléontologie*. Les corps organisés ou les traces qu'ils ont laissées, ont reçu la dénomination générale de *fossiles*, quel que soit le mode de conservation : on donne vulgairement le nom de *pétrification* aux corps organisés qui sont à l'état pierreux, mais ce n'est qu'un cas particulier de leur manière d'être.

Le sens du mot *fossile* a toutefois besoin d'être précisé, car on pourrait appliquer cette dénomination aux corps organisés enfouis journellement, soit dans le sein de la terre par la main de l'homme, soit dans les dépôts de sable ou de vase qui se forment sur le trajet ou à l'embouchure des cours d'eau ou bien sur les rivages. On considère seulement comme fossiles les corps organisés enfouis dans des couches régulières formées avant l'état de choses au milieu duquel nous vivons, et le plus souvent dérangées de leur position primitive, c'est-à-dire antérieurement à la dernière révolution qui a modifié le relief du sol, changé la configuration des côtes et détruit en partie les êtres organisés qui vivaient à la surface du globe. Cette catastrophe, à partir de laquelle ont commencé les terrains d'alluvion, est connue sous le nom de déluge ; mais ce n'est pas le déluge historique, celui de Moïse, car si l'homme existait alors sur la terre, il y était à l'état complétement sauvage.

Les animaux et les végétaux se trouvent donc fossiles, qu'ils soient terrestres, fluviatiles, lacustres ou marins. Dans les animaux comme dans les végétaux, les classes et les ordres qui existent aujourd'hui sont représentés dans les couches de la terre. Ils n'existent cependant pas tous simultanément, les mammifères et les végétaux dicotylédonés, par exemple, ne se trouvent guère au-dessous des terrains tertiaires. Mais lorsqu'on arrive aux familles et aux genres, il n'en est plus toujours ainsi, certaines familles et certains genres ne se trouvent qu'à l'état vivant, tandis que d'autres ne se trouvent que fossiles. Des familles et des genres ont une existence limitée, courte, relativement au temps immense qui s'est écoulé depuis que la terre est habitable, et ne se présentent que dans certains terrains ou bien à l'état vivant : les trilobites, parmi les crustacés, ne se trouvent que dans les terrains de transition; les ammonites, parmi les mollusques, seulement dans les terrains secondaires. Les mammifères existent dans les terrains tertiaires et vivent encore, l'homme paraît exclusif à la période actuelle. Certaines familles ou certains genres, cependant, existent depuis que la terre est habitable, comme les *Nautilus* parmi les mollusques, les fougères parmi les végétaux. Si on descend jusqu'à l'espèce, on trouve que fort peu d'entre elles existent à la fois à l'état vivant et à l'état fossile, chacune n'a eu qu'une existence très-courte; elles peuvent donc servir de guide certain pour la caractérisation et la reconnaissance des couches du sol. Les espèces fossiles sont, en un mot, les *médailles de la Création*, comme l'exprimait si bien le titre du livre de Gid. Mantell, destiné à en vulgariser la connaissance en Angleterre.

Conditions de fossilisation. — Au point de vue de la fossilisation, les animaux se divisent en deux catégories: ceux qui contiennent des parties dures, susceptibles de résister longtemps à la décomposition, comme ceux qui ont un squelette osseux ou une coquille, et ceux qui ne sont formés que de parties molles. Les premiers ont laissé presque toujours des traces de leur passage sur la terre, tandis qu'il en a été fort rarement ainsi pour les seconds.

Les animaux et les végétaux qui vivent et meurent sur le sol ne laissent guère de traces au bout d'un certain temps, l'action dissolvante de l'atmosphère finissant toujours par faire disparaître leurs parties les plus résistantes. Mais s'ils arrivent dans l'eau, soit en y tombant de leur vivant, soit en y étant entraînés après leur mort par les vents ou les pluies, ils sont souvent transportés dans des bassins d'eau, soit douce, soit salée, où ils peuvent être recouverts par des sédiments. Ils sont alors dans les conditions nécessaires pour la fossilisation.

Les animaux aquatiques sont dans de meilleures conditions, puisque souvent ils peuvent être recouverts par les sédiments aussitôt après la mort. Dans la mer, il arrive cependant que, par suite des marées et des tempêtes, un certain nombre de restes sont rejetés sur les plages ou les rochers, et s'y détruisent assez vite.

Les grandes pluies et les fontes abondantes de neiges dans les montagnes occasionnent le débordement des cours d'eau et par suite des inondations périodiques dans les parties basses des vallées et dans les plaines. Aux matières sédimentaires qui sont alors transportées abondamment et en parties abandonnées pendant le trajet, se joignent un grand nombre de cadavres d'animaux et de restes de végétaux terrestres. Ceux qui sont entraînés dans les lacs ou la mer sont en grande partie enfouis dans les alluvions et soustraits à la destruction qui atteint ceux qui restent à la surface du sol.

Des débordements accidentels de la mer, connus sous le nom de *ras de marée*, se produisent principalement pendant les tremblements de terre. Ils enlèvent et rapportent encore dans les bassins des mers un grand nombre d'êtres terrestres.

État des fossiles. — Dans le sein de la terre, les corps organisés sont représentés seulement par leurs parties solides. On comprend facilement qu'à de très-rares exceptions près, il ne peut en être autrement, les parties molles se décomposant et changeant de forme trop rapidement pour que les sédiments qui les entourent aient le temps de se solidifier pour en conserver les formes. Il résulte de là que certaines familles de corps organisés qui sont dépourvues de parties solides n'ont pas encore été trouvées à l'état fossile, quoiqu'elles aient très-probablement accompagné, dans les temps anciens, les familles à parties solides avec lesquelles elles vivent aujourd'hui et dont les restes existent dans les couches de la terre.

Les corps organisés existent à l'état fossile sous plusieurs états : — tantôt leur composition chimique et leur structure n'ont pas subi d'altération notable; ainsi des ossements, des coquilles ont encore leur translucidité, leur éclat nacré; les couleurs seules ont disparu presque entièrement. — Tantôt la matière organique seule a été détruite ou profondément altérée : les ossements, les coquilles sont alors devenus opaques, blancs et friables : les végétaux ont bruni et se sont transformés en lignite, en houille, ou même en charbon. — Tantôt les corps calcaires ont été infiltrés par de la matière calcaire qui les a durcis et rendus plus pesants, soit en conservant la structure du corps comme pour les ossements, la plupart des coquilles; soit en prenant la forme cristalline du calcaire comme pour les oursins, les encrines; soit en affectant l'état fibreux comme pour les bélemnites. — Tantôt le corps organisé a été complétement détruit, et il ne reste qu'une cavité dont les parois, qui présentent les formes du corps, ont reçu le nom d'*empreinte*. Lorsque les parties solides du corps organisé renfermaient une cavité, comme cela a lieu pour les coquilles, les oursins, etc., le plus souvent la matière pierreuse l'a remplie, et il en résulte un noyau qu'on appelle *moule*. — Tantôt après la destruction du corps organisé, la cavité a été remplie par des substances minérales; quand le remplissage s'est fait d'un seul coup, le nouveau minéral ne présente aucune trace de l'organisation du corps qu'il remplace, comme cela a lieu pour les coquilles siliceuses, en fer oligiste, en barytine, les bois en pyrite ou en sidérose; quand le nouveau minéral se déposait lentement au fur et à mesure de la destruction du corps organisé, il présente, au contraire, la structure du corps qu'il remplace, comme cela a lieu pour les côtes de lamantin, les bois et les spongiaires silicifiés.

Enfin, on considère encore comme des fossiles, des traces passagères laissées par les animaux pendant leur vie, comme, par exemple, l'empreinte de leurs pas. Dans certains terrains formés de petites couches d'argiles et de grès, l'animal, en marchant sur l'argile humide des plages, y laissait des pistes qui se sont conservées lorsqu'elles ont été recouvertes par des sables qui se sont solidifiés. Le grès qui en résulte présente aujourd'hui en relief les empreintes en creux laissées sur l'argile par l'animal.

Dans les roches calcaires, les fossiles ont, en général, conservé leurs formes; dans les roches argileuses ou schisteuses, les fossiles sont souvent déformés, aplatis par suite de la compression et du tassement que ces roches ont éprouvés après leur dépôt.

Une pluie d'orage à grosses gouttes en tombant sur un sol meuble produit des dépressions, des cavités, comme on sait. Dans le grès bigarré de l'Angleterre, là où on a trouvé déjà des pistes d'animaux, on a trouvé des empreintes qu'on a considérées comme des traces fossiles de gouttes de pluie antédiluvienne.

Vertébrés. — Leurs restes consistent en ossements, dents, écailles, plumes, tantôt épars et tantôt réunis en squelettes ou carapaces, comme le montrent une mâchoire de singe du terrain tertiaire miocène du Gers et un poisson du terrain houiller d'Autun.

Il y a encore des œufs, des excréments, des empreintes de pas; dans les régions arctiques (Sibérie), les chairs, conservées par la glace, recouvrent encore quelquefois les ossements.

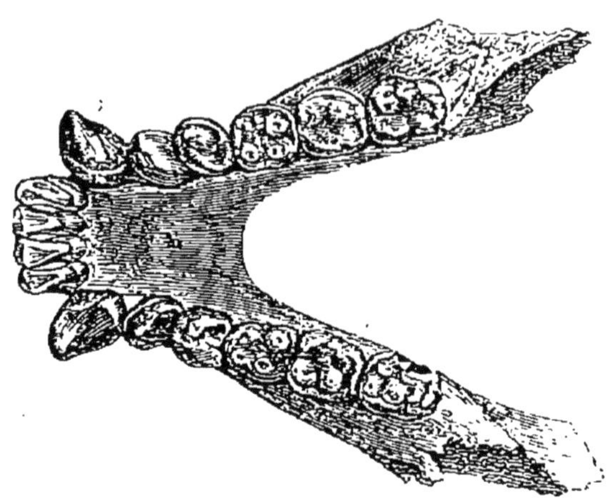

Fig. 9. — Protopithecus antiquus.

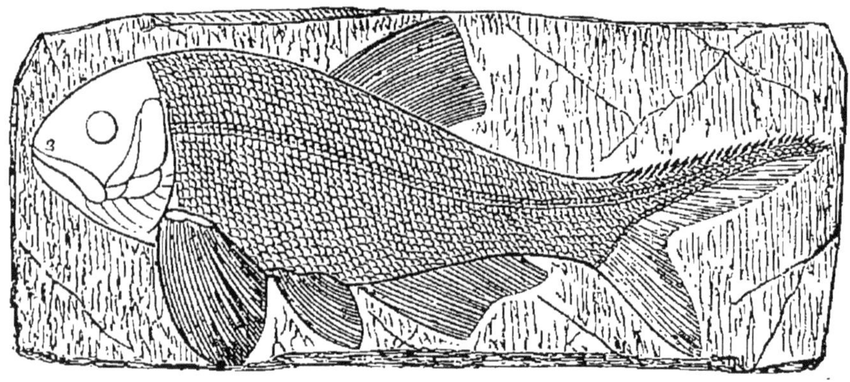

Fig. 10. — Amblypterus macropterus.

Articulés. — Ils ont laissé des carapaces ou des tubes calcaires comme les crustacés (*Calymene*, *Cypris*) et certaines annélides, ou des empreintes recouvertes d'une couche charbonneuse comme beaucoup d'insectes. Parfois ces derniers sont, ainsi que les arachnides, momifiés dans le succin, qui est une exsudation des anciens arbres résineux.

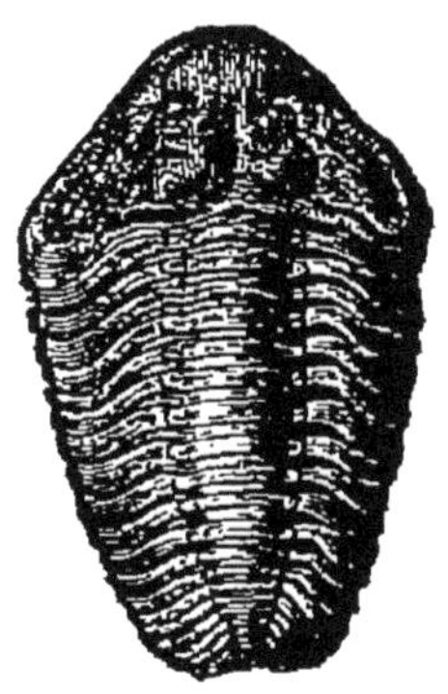

Fig. 11. — Calymene Blumenbachii.

Fig. 12. — Cypris Waldensis.

Mollusques. — Leurs coquilles calcaires se conservent avec la plus grande facilité, le plus souvent en augmen-

Fig. 13. — Belemnites hastatus.

Fig. 14. — Belemnite restaurée.

tant de pesanteur et de solidité par des infiltrations calcaires qui les rendent quelquefois fibreuses, comme les

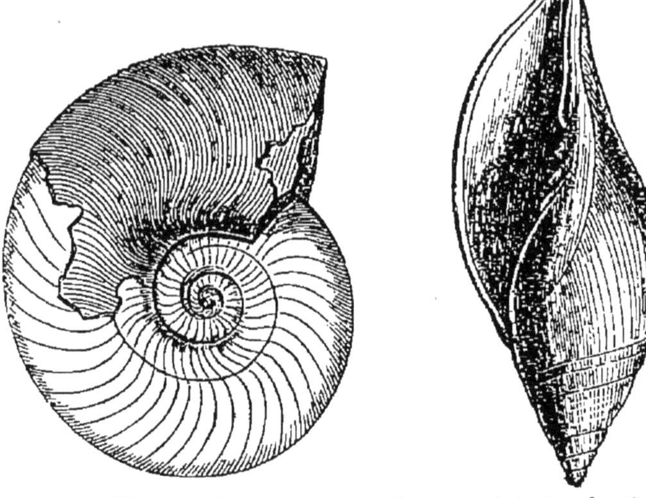

Fig. 15. — Nautilus oxystomus. Fig. 16. — Voluta Lamberti.

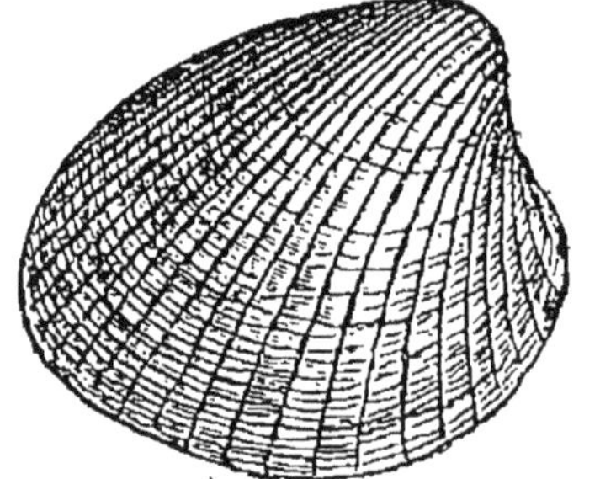

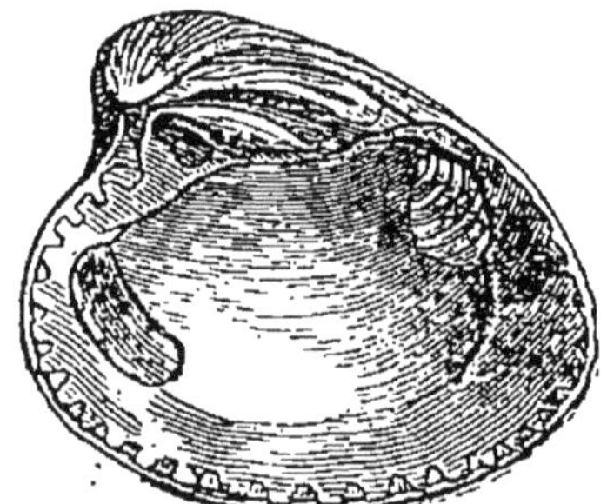

Fig. 17. — Venericardia planicosta.

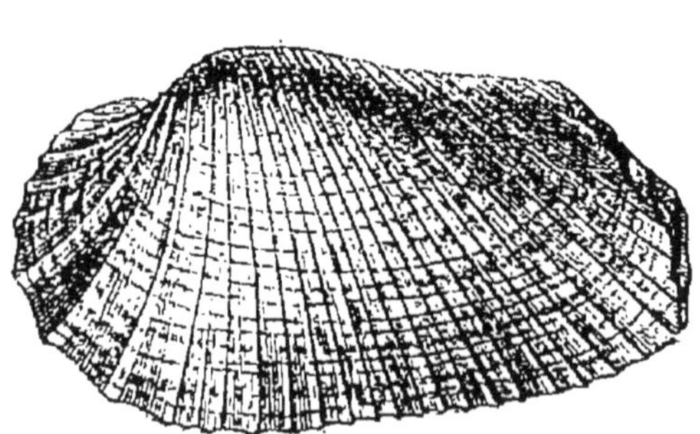

Fig. 18. — Pholadomya acuticosta. Fig. 19. — Bidiastopora cervicornis.

Bélemnites, ou laminaires. Les coquilles ordinairement

extérieures, sont quelquefois intérieures comme les Bélemnites.

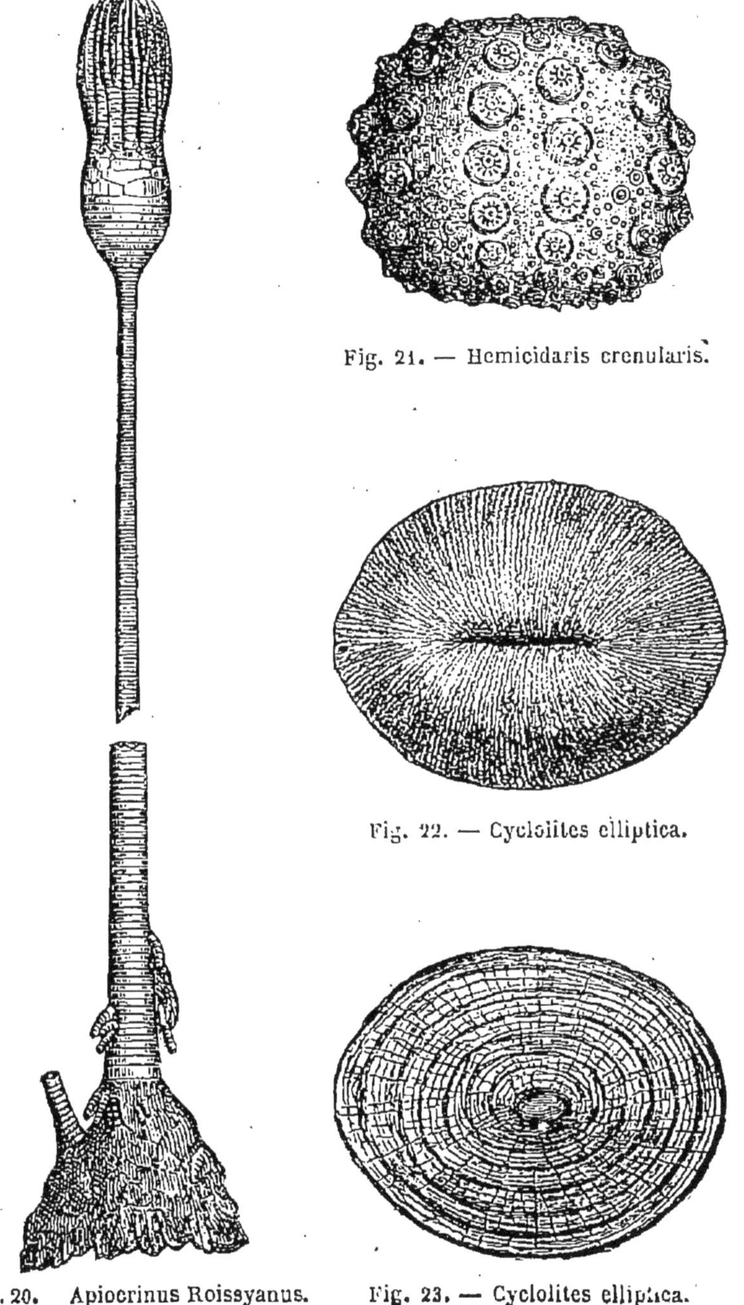

Fig. 21. — Hemicidaris crenularis.

Fig. 22. — Cyclolites elliptica.

Fig. 20. Apiocrinus Roissyanus.

Fig. 23. — Cyclolites elliptica.

Lorsque la matière de la coquille a été dissoute, il reste des empreintes, les unes extérieures avec des ornementations très-variées, et les autres intérieures, le plus souvent presque lisses, ainsi qu'on peut en juger à l'inspection des figures précédentes. C'est seulement quand les coquilles sont très-minces, comme les Pholadomyes, que les moules intérieurs présentent les reliefs extérieurs. Les *briozoaires* ont laissé des sortes de petits polypiers calcaires, comme le *Bidiastopora* de la page 47.

Rayonnés. — Le têt et les pièces calcaires des échi-

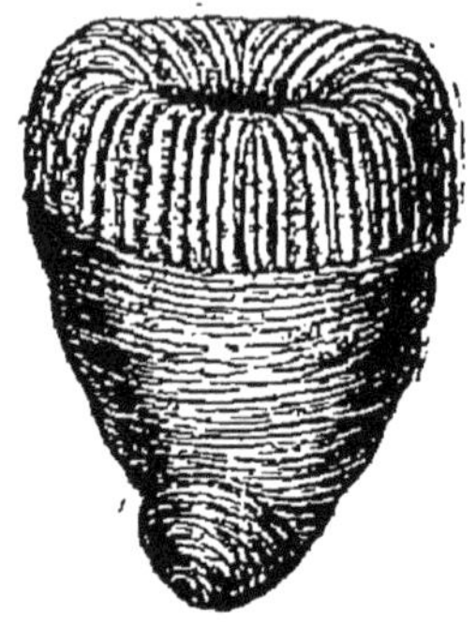

Fig. 24. — Montlivaltia caryophyllata.

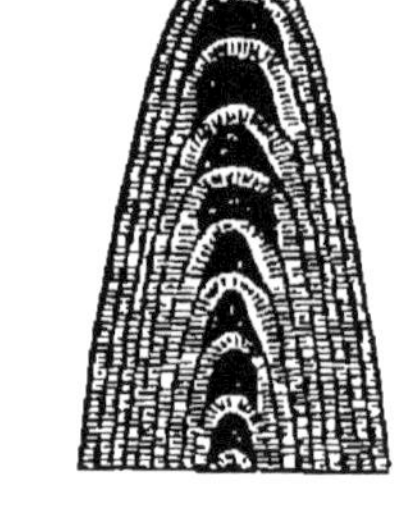

Fig. 25 et 26. — Nummulites lævigata.

nodermes de la page précédente possèdent invariablement l'état laminaire ; les polypiers sont le plus souvent en calcaire grenu ; la petite coquille des foraminifères est habituellement calcaire ; les spongiaires sont très-souvent à l'état siliceux.

Végétaux. — Les tiges, les racines et les fruits sont convertis en matières charbonneuses, et parfois en silex ayant conservé la structure organique, ou en calcaire. Les parties foliacées sont également converties en matières charbonneuses, ou bien ont disparu complétement en ne laissant que des empreintes.

Fossiles marins et d'eau douce. — Les dépôts sédimentaires stratifiés qui, en assises souvent puissantes, occupent une si grande partie des terres découvertes, ont été formés dans des nappes d'eau, soit douce, soit marine ; ils renferment le plus souvent des restes organiques qui leur assignent avec certitude l'une ou l'autre origine.

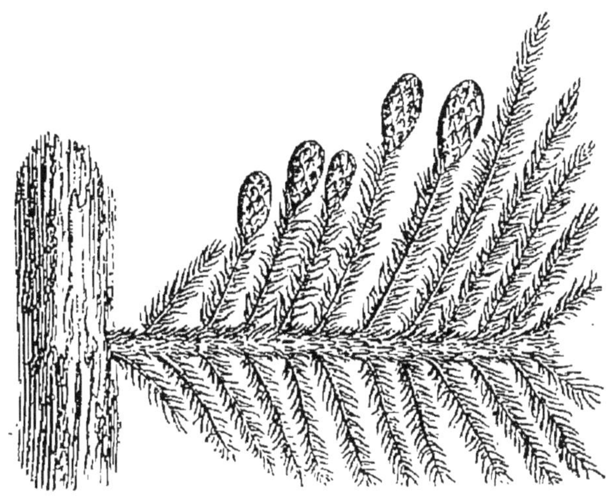

Fig. 27. — Walchia hypnoides (conifère.)

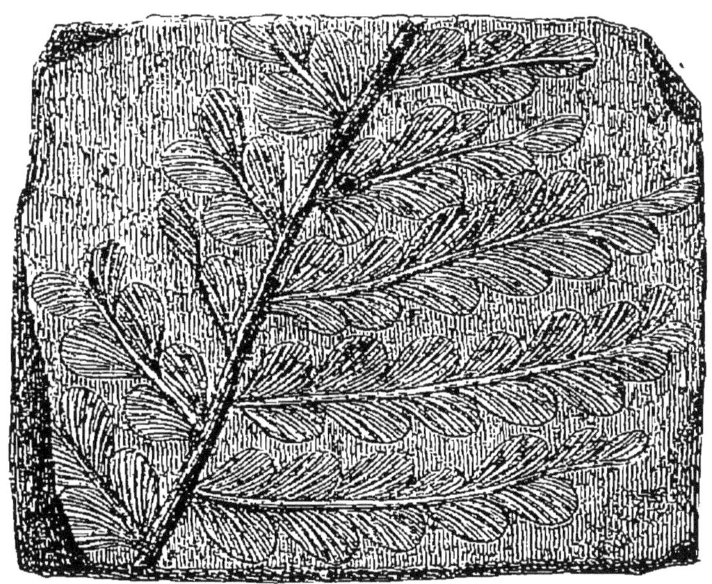

Fig. 28. — Odontopteris Schlotheimii (fougère).

Les dépôts terrestres ne renferment de restes que de végétaux et d'animaux terrestres. Les dépôts des eaux douces, en outre des êtres qui y vivent, renferment souvent des restes d'êtres terrestres. Les dépôts marins enfin peuvent aussi renfermer des restes d'êtres des deux catégories précédentes, surtout dans le voisinage du débouché des cours d'eau.

L'étude des végétaux, des vertébrés et des articulés fournirait certainement d'excellentes indications, mais elle est longue et difficile. Celle des deux derniers embranchements du règne animal, les mollusques et les rayonnés, peut être faite beaucoup plus facilement parce que les parties solides, formant souvent un tégument, sont entières, non disloquées et très-abondantes; aussi est-ce à eux qu'on a recours de préférence.

Parmi les plus caractéristiques des dépôts marins, on peut citer tous les foraminifères, polypiers, échinodermes et briozoaires, et, parmi les mollusques proprement dits, les brachiopodes, ptéropodes et céphalopodes.

C'est seulement parmi les acéphales et les gastéropodes qu'on rencontre des animaux vivant dans l'eau douce, et seulement parmi ces derniers qu'il s'en trouve de terrestres.

Fig. 29. — Cyclas Denainvilliersii.

Fig. 30. — Lymnæa longiscata.

Fig. 31. — Physa columnaris.

Parmi les acéphales, les genres vivant exclusivement dans l'eau douce et se trouvant à l'état de fossiles, sont les *Cyclas* ou *Pisidium* et les *Cyrena*, *Unio* et *Anodonta*.

Parmi les gastéropodes, les genres dont les espèces vivent dans les eaux douces, soit courantes (fluviatiles), soit stagnantes (lacustres), sont surtout les *Lymnœa*, *Physa*, *Planorbis*, *Paludina* et *Neritina*.

Les genres dont les espèces vivent sur le sol, sont surtout les *Helix*, *Bulimus*, *Cyclostoma*.

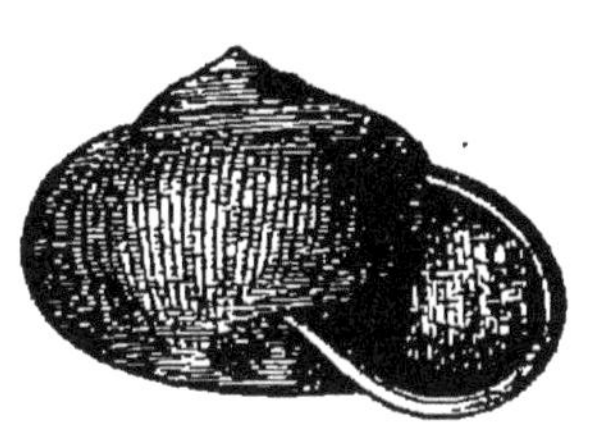

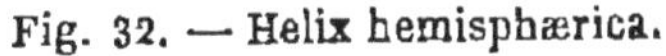

Fig. 32. — Helix hemisphærica.

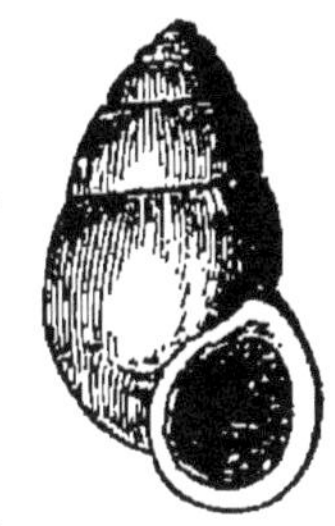

Fig. 33. — Cyclostoma Arnoudii.

Parmi les gastéropodes marins si nombreux, il n'y a guère à citer comme exceptionnels que les *Cerithium* qui vivent dans les eaux saumâtres de l'embouchure des fleuves.

Idées successives sur les fossiles. — « Ces restes des créations primitives, comme dit M. L. Figuier, ont été longtemps considérés et classés scientifiquement comme des *jeux de la nature*. C'est ainsi qu'on les trouve appréciés et désignés dans les ouvrages des philosophes de l'antiquité qui ont écrit sur l'histoire naturelle, et dans les rares traités d'histoire naturelle que le moyen âge nous a légués.

« Les ossements fossiles, particulièrement ceux d'éléphants, ont été connus dans l'antiquité, et ont donné lieu, tant chez les anciens que chez les modernes, à toutes sortes de légendes ou d'histoires fabuleuses. La tradition qui faisait attribuer à Achille, à Ajax et à d'autres héros de la guerre de Troie, une taille de vingt pieds, se rattachait, sans doute, à la découverte d'ossements d'éléphants.

« Notre grand artiste Bernard Palissy eut la gloire de

reconnaître et de proclamer le premier la véritable provenance des débris fossiles qui se rencontrent en si grand nombre dans certains terrains, en particulier dans ceux de la Touraine, qui avaient fait l'objet particulier de ses observations. Bernard Palissy soutint, en 1580, dans sor ouvrage sur les *Eaux et fontaines*, que les *pierres figurées*, comme on appelait alors les fossiles animaux et végétaux, étaient des restes d'êtres organisés qui s'étaient déposés autrefois, et conservés au fond des mers, dans les lieux mêmes où on les retrouve.

« Dans les admirables *Époques de la nature*, Buffon, cet immortel écrivain, cherche à établir que les coquilles que l'on trouve en grande quantité enfouies dans le sol, et jusque sur le sommet des montagnes, appartiennent bien réellement à des espèces autres que celles de nos jours. Mais cette idée était trop nouvelle pour ne pas trouver de contradicteurs; elle compta parmi ses adversaires le hardi philosophe qui aurait dû l'adopter avec le plus d'ardeur : Voltaire accabla de ses lazzis et de ses mordantes critiques la doctrine scientifique de l'illustre novateur. Buffon insistait, avec raison, sur l'existence des coquilles sur le sommet des Alpes, pour prouver que les mers avaient autrefois occupé cet emplacement. Voltaire prétendit que les coquilles trouvées dans les Alpes et les Apennins avaient été jetées là par des pèlerins à leur retour de Rome.

« Il appartenait au génie de Georges Cuvier de retirer de l'étude des fossiles les plus admirables conséquences. « C'est aux fossiles, dit ce grand naturaliste, qu'est due « la naissance de la théorie de la terre. Sans eux l'on « n'aurait peut-être jamais songé qu'il y ait eu dans la « formation du globe des époques successives et une sé- « rie d'opérations différentes. Eux seuls, en effet, donnent « la certitude que le globe n'a pas toujours eu la même « enveloppe, par la certitude où l'on est qu'ils ont dû « vivre à la surface avant d'être ensevelis dans la profon- « deur. Ce n'est que par analogie que l'on a étendu aux

« terrains primitifs la conclusion que les fossiles fournis-« sent directement pour les terrains secondaires ; et s'il « n'y avait que des terrains sans fossiles, personne ne « pourrait soutenir que ces terrains n'ont pas été formés « tous ensemble. » C'est sur les ossements de mammifères retirés des plâtrières de la colline de Montmartre, aux portes de Paris, qu'ont porté presque toutes les études paléontologiques de notre immortel naturaliste. »

En même temps, au commencement de ce siècle, le chevalier de Lamarck faisait d'aussi importantes études sur les mollusques fossiles des calcaires friables de Grignon, près de Versailles.

— —

CHAPITRE IV.

CIRCULATION DES EAUX.

Évaporation.— L'action de la chaleur, à n'importe quel degré elle se manifeste, a pour effet de réduire l'eau en vapeur; l'air a la propriété de dissoudre la vapeur qui se forme à la surface de l'eau et de s'en saturer lorsqu'il reste en contact avec elle.

Ainsi voit-on un vase rempli d'eau se vider lentement et entièrement; une pierre poreuse, des masses de sable ou d'argile imbibées d'eau, se dessécher complétement par leur exposition à l'air.

C'est le phénomène de l'*évaporation* qui s'exerce avec une intensité d'autant plus grande que la température est plus élevée, l'air plus sec et l'eau plus dépourvue de matières salines en dissolution.

La quantité de vapeur d'eau produite et tenue en dissolution dans l'air va en augmentant avec la chaleur, et par conséquent depuis les pôles jusqu'à l'équateur.

L'eau de mer, fortement salée, développe moins de vapeur d'eau que celle des cours d'eau et des lacs, qui est toujours infiniment plus pure. En faisant des expériences à diverses températures, on a trouvé que l'eau de mer n'émet qu'une quantité de vapeur égale à celle qui serait produite par une masse d'eau distillée égale, mais plus froide de 3°,5.

Sur l'Océan, le point de rosee est ordinairement au-dessous de la température de l'eau de la mer; l'air de l'Océan est donc toujours complétement saturé, au moins dans le voisinage de la surface de l'eau.

Sur les côtes, la quantité de vapeur d'eau est, à latitude égale, la plus grande possible, et elle diminue à mesure qu'on pénètre dans le continent. Cette règle, établie par ce qui se passe dans les plaines de la Russie, se confirme dans les steppes de la Sibérie, les déserts de l'Asie centrale, dans l'intérieur des États-Unis, dans les plaines de l'Orénoque, les déserts de l'Afrique, ainsi que dans l'intérieur de l'Australie où l'air est habituellement très-sec.

Des observations sur l'évaporation ont été faites sur divers points dans plusieurs pays; les quantités d'eau évaporées pendant chaque mois sont en rapport avec la température moyenne du mois : l'évaporation très-grande en été, très-faible en hiver, est moyenne pendant le printemps et l'automne. Chaque année considérée isolément présente une marche régulière comparable à celle qui est formée par la température moyenne.

Nuages. — L'eau, enlevée sous forme de vapeur par la couche d'air superposée, se répand dans l'atmosphère en s'y élevant; elle y reste en dissolution invisible tant que la température reste supérieure à celle du point de saturation. Lorsque celle-ci devient inférieure, il y a condensation, et la vapeur apparaît en troublant la transparence de l'air. C'est sous forme de *brouillard*, si la condensation a lieu à la surface même du sol, et sous forme de *nuages* si elle a lieu à une certaine élévation; par suite du mélange de parties plus chaudes ou plus sèches de l'atmosphère, le brouillard, les nuages se dissolvent et l'air redevient transparent. Les courants d'air soit chauds, soit froids, qui circulent dans l'atmosphère, produisent fréquemment des effets de ce genre, appréciables surtout au voisinage des montagnes.

On peut se faire une idée très-exacte de ces divers phénomènes, en examinant ce qui se passe lorsque la soupape d'une chaudière à vapeur vient à être soulevée : la vapeur qui sort à plus de 100°, est incolore, transparente;

sa dispersion dans l'air beaucoup plus froid, la rend très-vite visible, en la condensant, sous forme de vapeurs blanches, de véritables nuages; celles-ci, en se répandant davantage, se dissolvent et disparaissent d'autant plus vite que l'air est plus sec et moins froid.

« Les nuages sont ordinairement entraînés par le vent

Fig. 34. — Mont Erebus (terre Victoria).

et se tiennent à diverses hauteurs; aussi, quand on gravit une montagne, il est rare qu'on ne traverse pas des nuages et que l'on n'en voie pas d'autres à ses pieds et au-dessus de sa tête. C'est ce qui se produit autour des deux grandes montagnes coniques et volcaniques suivantes, malgré la diversité si grande des climats : le mont

Fig. 35. — Pic de Ténériffe (îles Canaries).

Erebus, de la terre Victoria, à l'intérieur du cercle polaire antarctique qui présente deux zones bien marquées de nuages au quart et aux trois quarts de sa hauteur; le pic de Ténériffe des îles Canaries, au voisinage du tropique du Cancer, qui en offre une zone vers son tiers inférieur. Du reste, il n'est pas probable que les nuages s'élèvent à plus de 10 ou 12 000 mètres d'altitude; il paraît même qu'il y en a peu au-dessus de 5 à 6000 mètres. De Saussure a souvent remarqué que, dans les Alpes, les nuages commençaient par un léger brouillard qui s'augmentait successivement, se détachait ensuite de la montagne et était emporté par les vents.

Pluies. — « Les causes qui déterminent la formation de la pluie ne sont pas non plus très-bien connues. L'une des plus fréquentes est le mélange de deux vents, l'un chaud, l'autre froid. On conçoit, en effet, que ce mélange pouvant produire une température moyenne trop froide, pour conserver la quantité de vapeur contenue dans ces deux vents lorsqu'ils étaient séparés, doit se résoudre en eau liquide, c'est-à-dire en brouillard ou en pluie, selon la quantité du liquide et la rapidité avec laquelle se produit le phénomène. D'un autre côté, M. Renou pense que la cause la plus habituelle de la production de la pluie est la chute des particules glacées qui composent les cirrus supérieurs, lesquelles, en traversant les cumulus inférieurs, s'y fondent et y produisent un grand refroidissement.

Neige. — « La neige est de l'eau congelée qui tombe sous la forme de flocons, composés ordinairement d'un assemblage irrégulier de petits cristaux, mais qui, lorsque l'air est calme et la température très-froide, prennent des formes régulières qui, en général, se rapprochent toutes plus ou moins d'une étoile à six rayons, mais qui sont si variées que le capitaine Scoresby en a compté une centaine de différentes. On ne sait que très-peu de chose sur la formation de la neige. On ne sait pas si les nuages qui la produisent sont composés de globules liquides ou de parcelles déjà glacées. On ne sait pas si les flocons se forment directement ou s'ils prennent leur accroissement en traversant les couches inférieures de l'air.

Grêle. — « Elle consiste dans la chute de fragments de glace que l'on appelle *grêlons*. Ceux-ci sont ordinairement arrondis, mais ils présentent plus souvent la forme d'une poire ou d'un cône que celle d'une sphère. Les petits grêlons ressemblent à de la neige durcie ; il est très-rare d'en voir de glace transparente. Les gros grêlons présentent un noyau neigeux entouré de glace, ou des couches alternatives de neige et de glace.

Répartition de la pluie. — « Les quantités d'eau qui tombent sous forme de pluie, de neige, etc., sur les différentes parties de la terre, sont extrêmement variables : on a cependant remarqué qu'il pleut davantage dans le voisinage de l'équateur que sous les autres parties de la terre, et sur les côtes que dans l'intérieur du continent. C'est ainsi, par exemple, qu'au cap Haïtien, dans les Antilles, il tombe 308 centimètres d'eau par an, tandis qu'à Paris il n'en tombe que 56, et à Pétersbourg que 46 dans le même espace de temps, et qu'il y a des parties de l'intérieur de l'Afrique et de l'Asie où il ne pleut jamais. Mais il y a beaucoup d'exceptions à ces règles. En général, toutes choses étant égales d'ailleurs, il pleut davantage dans les pays montueux. »

Dans certaines villes la quantité est très-faible, comme à Saint-Pétersbourg, Vienne, Athènes et Madrid. Dans d'autres, elle est considérable et plus que double, comme à Bordeaux, Genève, Montpellier, Florence, Rome, Naples, Alger. Dans d'autres, elle est intermédiaire, comme à Paris et à Palerme. Sur les hautes montagnes, elle est presque triple, comme au Grand-Saint-Bernard, à 2491^{m} d'altitude.

Au point de vue agricole, ce qui a beaucoup plus d'importance que la quantité absolue d'eau tombée, c'est sa répartition entre les diverses saisons. Dans l'Europe septentrionale et moyenne, aucun mois n'est très-sec, et c'est habituellement l'été qui fournit la plus grande quantité d'eau. Mais les pays limitrophes de la Méditerranée possèdent un régime pluvial tout différent, caractérisé par la pénurie de pluie pendant les trois mois d'été, aucun mois de l'année ne présentant une aussi faible chute de pluie que ceux de juin, juillet et août.

Le régime méditerranéen ne s'étend pas en France, vers le nord, à une grande distance du littoral. Il est limité par la montagne Noire, les Cévennes et le mont Pilat. Vers l'est, il ne s'étend pas jusqu'à la chaîne des Alpes, qui forme une haute muraille séparant l'Italie de l'Allemagne; le bassin du Pô possède le régime septentrional. La ligne de démarcation entre les deux régions, à régimes si différents et inverses l'un de l'autre, paraît être la chaîne des Apennins, du col de Tende à Rimini sur l'Adriatique.

Pénétration des eaux dans le sol. — Les eaux atmosphériques, lorsqu'elles sont arrivées à l'état liquide sur le sol, se comportent de trois manières bien différentes, suivant l'état de ce sol : s'il est complétement imperméable, les eaux s'écoulent tout entières à la surface, en produisant les effets de dégradation et d'alluvion déjà étudiés; s'il est très-perméable, les eaux sont absorbées et y disparaissent en entier. Lorsqu'il est plus ou moins moyennement perméable, ce qui arrive très-souvent, les deux effets se produisent. Nous n'avons à nous occuper ici que de ceux qui résultent de la pénétration des eaux dans le sol.

Sur les terrains complétement argileux, une faible quantité d'eau est absorbée pour maintenir le sol dans un certain état d'humidité: mais rien ne pénètre profondément, et il n'y a pas de sources. Sur les sols cristallins primitifs, granitiques, porphyriques ou autres, par suite de la décomposition des parties superficielles, une partie de l'eau pénètre dans le sol et ressort assez vite dans tous les points déclives, en occasionnant de petits sources, d'une durée assez courte.

Lorsque, au contraire, le sol est formé de couches ou d'assises régulières alternatives, les unes perméables, calcaires ou sableuses, et les autrés imperméables argileuses, le sol alors se trouve dans de bonnes conditions pour avoir des sources considérables et permanentes. En effet, les eaux descendent de la surface du sol, soit lentement, en filtrant au travers des calcaires poreux, des sables et des dépôts caillouteux, soit assez rapidement par les fentes des roches compactes dures. Elles arrivent ainsi sur les couches imperméables qui les retiennent et occasionnent de véritables nappes plus ou moins abondantes qui ont une tendance à s'extravaser au dehors par toutes les voies qui s'offrent à elles.

Quand le pays, ainsi pénétré par les eaux pluviales, forme une sorte de plateau limité par des parties plus basses ou par des vallées plus ou moins profondes, les eaux sortent au point d'affleurement et de jonction des roches perméables et imperméables, en formant des sources qui peuvent être fort considérables. Si les couches sont horizontales, les sources sortent de tous côtés; si elles forment un plan incliné, les sources font défaut sur la tranche horizontale supérieure, mais elles sont nombreuses, et parfois très-fortes, sur la tranche horizontale inférieure; on en rencontre aussi sur les tranches inclinées intermédiaires.

Dans les plateaux dont le sol est ainsi composé, les vallées jouent, pour l'écoulement des eaux intérieures, le même rôle que les fossés creusés par l'homme dans les terrains trop humides ou marécageux; en effet, ces sillons artificiels n'ont pas pour but unique de faciliter l'écoulement des eaux superficielles, ils ont surtout pour résultat l'égouttage et l'assèchement des parties imprégnées d'une grande quantité d'eau.

Quand le pays forme une plaine basse ou une large vallée, comme celles du Rhin, de la Seine, de la Garonne, etc., les eaux pluviales se rassemblent à une certaine profondeur, et les nappes formées n'ont pas d'écoulement extérieur naturel. On va alors les chercher, pour les besoins de l'homme, par des excavations verticales ou *puits*, dont la profondeur est dite considérable lorsqu'elle dépasse une trentaine de mètres. Sur les plateaux, les localités situées à quelque distance des bords se procurent également leurs eaux par des puits.

La nappe d'eau la plus superficielle, alimentée directement par les eaux pluviales du lieu n'est pas toujours très-abondante, et il arrive souvent que, pendant les années et même les saisons sèches, l'eau est épuisée à tel point que les sources et les puits diminuent beaucoup ou tarissent complétement.

Eaux artésiennes. — Dans les plaines et sur les parties basses des plateaux, on ne se contente pas toujours des eaux qui forment la nappe la plus rapprochée de la surface; on va en chercher de plus profondes qui sont souvent plus abondantes, qui tarissent beaucoup plus rarement et qui ont en outre la faculté, soit de s'élever plus ou moins dans les puits, soit même de venir se déverser à la surface. On pratique, à cet effet, à l'aide de la sonde, soit des *sondages*, soit des *puits* dits *artésiens* dont le diamètre est généralement de 0^{m},10 à 0^{m},30 et qui sont ainsi nommés parce qu'ils sont très-usités dans le Pas-de-Calais (ancien Artois), où leur profondeur moyenne varie entre 30 et 50 mètres.

La condition de se trouver retenue par un fond imperméable est suffisante pour qu'une nappe d'eau ordinaire puisse s'établir d'une manière constante dans l'épaisseur de la croûte terrestre; mais, pour avoir une nappe susceptible de fournir une eau jaillissante, il faut encore deux autres conditions. Il est nécessaire : 1° que les eaux qui forment cette nappe descendent d'une certaine hauteur, afin qu'elles exercent une pression sur les couches qui la retiennent supérieurement; 2° que ces dernières couches ne permettent pas à ces eaux de se perdre à travers mille fissures et de se gaspiller, ce qui exige que les couches dont il s'agit soient imperméables comme celles qui supportent la nappe inférieurement. En un mot, des eaux *artésiennes* ne peuvent provenir que d'une nappe ayant la liberté de circuler entre deux assises imperméables, tout en exerçant d'ailleurs sur l'assise supérieure une pression due à la hauteur, de laquelle elle est censée être descendue.

Pour savoir maintenant si l'eau puisée dans une nappe semblable pourra jaillir par un trou foré jusqu'à son niveau, il ne s'agit plus que de chercher la zone du terrain superficiel par laquelle ont pu s'opérer les infiltrations; et de s'assurer si cette zone est plus élevée que le point où l'on veut exécuter le forage. Quant à la position de cette zone elle-même, il est évident qu'elle doit occuper à la surface du sol, du côté opposé au pendage général des couches, l'intervalle compris entre les affleurements des deux assises imperméables qui comprennent entre elles la nappe aquifère.

Le sol étant constitué intérieurement par de grandes assises alternatives, les unes argileuses ou marneuses imperméables et les autres sableuses ou calcaires perméables, les eaux superficielles qui pénètrent entre deux assises bien imperméables peuvent parvenir à des profondeurs fort grandes. Lorsque par un sondage on arrive à l'assise aquifère, la pression considérable à laquelle elle est soumise fait remonter l'eau par le trou de sonde à une hauteur plus ou moins approchée de celle de son point d'entrée dans le sol, soit au niveau de celui-ci, soit à une hauteur plus ou moins grande au-dessus ou au-dessous. Dans la figure ci-contre le point d'entrée des eaux superficielles étant de beaucoup supérieur à celui où le sondage a été établi, l'eau jaillit nécessairement.

1° *Bassin de Paris.* — La partie septentrionale de la France se trouve dans d'excellentes conditions pour la réussite des sondages artésiens. En effet, du N. E. au S. O., de la frontière de Belgique jusque dans le département de la Vienne, et du S. E. au N. O., des Vosges et de la Côte-d'Or en Bretagne, l'existence de plusieurs assises perméables disposées régulièrement et renfermant des nappes d'eau superposées, permet la recherche d'eaux jaillissantes presque partout avec de grandes chances de succès, tantôt à une profondeur médiocre et tantôt à une profondeur considérable, suivant les lieux et suivant la nappe d'eau que l'on veut atteindre. Tandis que dans le département du Pas-de-Calais les sondages ont une cinquantaine de mètres et même moins, à Tours, ils atteignent de 120 à 170 mètres; et au centre, à Grenelle et à Passy, il a fallu descendre à 547 mètres et 580 mètres. (Cette dernière profondeur n'est pas la plus grande que l'on ait atteinte; près de Minden, dans le N. O. de l'Allemagne, on est allé chercher des eaux salées à 640 mètres de profondeur, il y a plus de 10 ans.)

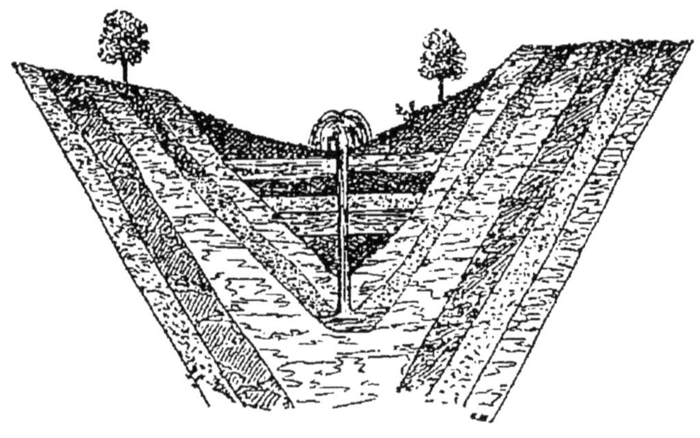

Fig. 36. — Coupe théorique d'un sondage artésien.

Dans un certain nombre de localités on profite de la perméabilité des assises qui forment le sol sous-jacent pour établir des sondages dont la fonction est de débarrasser la surface du sol d'eaux qui sont stagnantes par suite de sa configuration ou qu'il serait nuisible de laisser se répandre à l'air ou dans les cours d'eau. Ce sont les *puits absorbants* que l'on fore d'abord au travers des couches imperméables supérieures, et ensuite jusque dans les parties supérieures ou moyennes d'une grande assise perméable.

2° *Bassin du Sud-Ouest de la France.* — La grande plaine du S. O. de la France, comprise entre les montagnes de la Vendée, du Limousin et du Rouergue, du N. à l'E., et les Pyrénées au S., ne paraît pas se trouver dans des conditions aussi favorables sous le rapport de la composition et de la disposition des assises du sol. Cependant, le 5 mars 1866, la reprise du sondage, commencée en 1834 à l'hôpital de la marine à Rochefort, a été couronnée de succès; on a rencontré au-dessous du terrain jurassique une nappe d'eau jaillissante, mais à une profondeur jusque-là inconnue en France, celle de 817 mètres!

Il ne serait toutefois pas impossible que ces grands sondages, réalisés il y a une trentaine d'années et plus, n'eussent pas été exécutés avec le soin qu'on y mettrait aujourd'hui, que les précautions nécessaires pour capter les eaux eussent été trop négligées, et que, par suite, l'on obtînt des résultats moins défectueux si l'on avait à les recommencer maintenant.

Dans tous les grands sondages artésiens qui ont été tentés dans le S. O. de la France, on s'est toujours arrêté trop tôt dans le terrain tertiaire. Pour savoir ce qu'on pourrait espérer du bassin tertiaire du S. O., il faudrait, à notre avis, être à l'avance déterminé à descendre la sonde, quelle que puisse être la profondeur, jusqu'à ce qu'elle ait rencontré des nappes jaillissantes, ou bien jusqu'à ce que l'on ait atteint le terrain crétacé sous-jacent. Sans ce parti pris, on sera toujours exposé à des mécomptes semblables à ceux qui viennent d'être rappelés.

Résumé. — Il y a donc une circulation incessante de l'eau dans les parties externes de la terre (sol jusqu'à une certaine profondeur, et parties basses de l'atmosphère). Les eaux qui sont à l'état liquide, à la surface du sol, au contact de l'atmosphère en un mot, soit en mouvement comme celles des cours d'eau, soit en repos comme celles des lacs et des mers, soit encore celles qui mouillent la surface du sol, sont enlevées par l'évaporation, surtout quand la température est élevée, et répandues sous forme de vapeur invisible dans l'atmosphère jusqu'à une certaine hauteur. Les températures basses, habituelles aux hautes régions, occasionnent une première condensation de cette vapeur, qui donne les nuages; et ceux-ci au bout d'un temps plus ou moins court se résolvent en pluie ou en neige qui tombent bien vite. Les eaux pluviales qui arrivent sur le sol émergé se divisent immédiatement en deux parties : l'une qui s'écoule à la surface du sol en formant des torrents, des ruisseaux, des rivières et des fleuves; l'autre qui pénétrant dans le sol, parfois jusqu'à de grandes profondeurs, y chemine plus ou moins longuement; une grande partie revient sous forme de sources à la surface et contribue à rendre les cours d'eaux moins irréguliers et plus permanents; une autre ne reparaît pas et se rend souterrainement et fort lentement dans les bassins des mers ou dans les dépressions fermées des surfaces terrestres, où elles occasionnent de grands amas d'eau, comme la mer Caspienne, le lac Tchad, etc.

L'eau est donc en circulation constante de la terre à l'atmosphère et *vice versa*. Cette circulation est l'origine d'une grande quantité du mouvement produit à la surface de la terre; elle est indispensable aussi à l'existence de la vie tant végétale qu'animale.

CHAPITRE V.

EAUX ORDINAIRES ET MINÉRALES.

§ I. — Eaux ordinaires.

Eaux pluviales. — La vapeur d'eau produite par l'évaporation est absolument pure, qu'elle provienne d'eaux, soit douces, soit salées.

Les eaux qui retombent sur le sol en pluie ou en neige n'ont plus exactement le même degré de pureté, elles renferment de l'azote, de l'oxygène, de l'acide carbonique et parfois, pendant les orages, de très-minimes quantités d'acide azotique. En arrivant près du sol, elles entraînent avec elles les poussières terreuses et les particules organiques qui flottent toujours dans l'air, comme aussi les émanations toujours plus ou moins ammoniacales des animaux.

La composition de l'eau de pluie diffère selon l'élévation des lieux à laquelle on la recueille. Voici les différences constatées entre l'eau pluviale de la cour de l'Observatoire de Paris et celle de la terrasse située 27 mètres plus haut :

	TERRASSE.	COUR.
Azote...........	63 470	79 390
Ammoniaque........	3 324	2 769
Acide azotique.......	14 069	21 800
Chlore..............	2 801	1 940
Chaux..............	6 220	5 397
Magnésie..........	2 100	3 306
	91 984	114 602

La pluie qui lave l'atmosphère d'une grande cité contient plus d'ammoniaque que celle qui tombe en rase campagne. La quantité d'ammoniaque trouvée au commencement d'une pluie a été de 0 millig. 5 par litre; plus tard elle tomba à 0,4 et même à 0,06. La pluie se montre plus riche en ammoniaque après une forte sécheresse.

Emmagasinées et reposées dans des citernes, ces eaux ne renferment que des traces de matières organiques et les matières minérales qui ont pu être empruntées aux parois, par l'action dissolvante de l'oxygène et de l'acide carbonique. Aussi ont-elles une pureté presque comparable à celle de l'eau distillée et laissent-elles à peine quelques traces de résidu après leur évaporation.

Les eaux qui résultent des fontes de la neige d'hiver, de celle qui est accumulée sur les hautes montagnes, et des glaciers auxquels elle donne naissance, sont également fort pures.

Les eaux pluviales ne tardent pas, ainsi que ces dernières, à perdre leur pureté en circulant sur le sol, car elles rencontrent, quoique en petites quantités, des matières soit immédiatement solubles, comme les silicates alcalins dans les terrains primitifs et ignés feldspathiques, et parfois du gypse et du sel gemme; soit solubles par l'action de l'acide carbonique, comme le calcaire, la dolomie, la sidérose et peut-être divers oxydes de fer.

Eaux des puits. — Quant aux eaux qui pénètrent dans le sol, elles tiennent en dissolution des matières semblables et parfois différentes. Celles-ci y sont habituellement en quantités plus considérables par suite du long séjour de l'eau très-divisée au contact des matières solubles.

Les eaux pluviales arrivées finalement dans la partie inférieure des assises perméables forment des nappes qui renferment les matières rencontrées, susceptibles de se dissoudre.

Les eaux des puits présentent donc des compositions très-variables; les matières salines y sont en quantités d'autant plus grandes que les nappes d'eau sont plus exposées à recevoir les égouts de sols imprégnés de matières solubles. Généralement les eaux des nappes profondes sont plus pures et surtout moins sujettes à variations dans des lieux rapprochés, que celle des nappes superficielles. Dans les villes surtout il y a des différences énormes d'un quartier et même d'un puits à un autre. Voici en exemple les analyses des eaux des puits artésiens de Grenelle à 547 mètres de profondeur et d'Arcachon à 126 mètres, d'un puits ordinaire du bois de Boulogne près Paris, et de deux puits de Bordeaux, le premier à la manufacture des tabacs dans un faubourg, et le second à la fontaine Daurade au centre de la ville :

Total des matières salines par kilogramme.

GRENELLE.	ARCACHON.	BOULOGNE.	BORDEAUX 1.	BORDEAUX 2.
0gr,149	0gr,112	2gr,430	0gr,413	3gr,065

Eaux des sources. — Les eaux des nappes intérieures s'échappent au dehors, dès qu'elles en trouvent la possibilité, sous forme de sources et de fontaines dont le degré d'abondance est très-variable. Tantôt ces sources ne renferment que fort peu de substances en dissolution, et tantôt, au contraire, elles en sont très-chargées. Celle qui est déposée le plus habituellement est le carbonate de chaux; les eaux de sources présentent des compositions différentes, en harmonie avec la nature du sol d'où elles s'échappent. Les eaux des terrains primitifs sont assez pures et caractérisées par la silice; celles des terrains argileux et calcaires, fort impures, tiennent en dissolution une très-grande quantité de carbonate de chaux et parfois de sulfate de chaux; voici l'analyse, de 1 litre d'eau de la fontaine des Pannats près Avallon (granite), de la fontaine de Lagüe à Captieux (sable des Landes), de l'une des fontaines d'Auxerre (calcaires jurassiques), des sources d'Arcueil alimentant une portion de Paris (marnes tertiaires) :

	AVALLON.	CAPTIEUX.	AUXERRE.	ARCUEIL.
Total des matières salines par kilogramme........	0gr,066	0gr,086	0gr,321	0gr,581

« C'est, dit M. L. Figuier, à la faveur du gaz acide carbonique libre qu'elles renferment, et par l'effet de la pression à laquelle elles sont soumises à l'intérieur de la terre, que ce minéral est dissous dans ces eaux. Mais quand elles arrivent à la surface du sol, cet excès d'acide carbonique se dégage, par suite de la diminution de pression ; dès lors, le carbonate de chaux se dépose à l'état de sédiments terreux, qui forment des incrustations. C'est par ce mécanisme physico-chimique que les eaux de Saint-Allyre, à Clermont-Ferrand (Auvergne), *pétrifient*, c'est-à-dire recouvrent d'une croûte de carbonate de chaux les corps étrangers que l'on dépose dans leur bassin, et qu'elles ont produit jadis le pont sous lequel elles coulent aujourd'hui. Les eaux de Carlsbad, qui déposent aussi beaucoup de carbonate de chaux, se sont construit leur propre bassin. On cite encore les eaux incrustantes de Saint-Vignone en Toscane, les Cascatelles de Tivoli, les eaux de Saint-Nectaire (Puy-de-Dôme). » Les dépôts sont le plus souvent des tufs calcaires incrustant des végétaux et des coquilles, soit d'eau douce, soit terrestres, comme à Ressons (Aube), où ils donnent une pierre légère employée pour les voûtes de cave ; quelquefois ce sont des concrétions dures, solides, comme les dragées de Tivoli, les pisolithes de Carlsbad.

Une autre substance qui se rencontre dans les eaux de sources, est le carbonate de fer dissous également à la faveur de l'acide carbonique ; il donne lieu à des dépôts de fer hydroxydé tufacé.

Dans quelques localités, des sources considérables, surchargées de carbonate de chaux, forment de vastes dépôts sur les pentes des coteaux et des montagnes. On peut citer entre autres les sources chaudes de Hammam-Meskoutine (les bains maudits) sur la route de Bone à Constantine, en Algérie. Une des plus belles sources incrustantes du monde entier est celle d'Hiérapolis, célèbre dans l'antiquité ; ses eaux chaudes produisent, en sortant du sol et coulant le long de la montagne, une série de cascades pétrifiantes. La figure suivante représente les rochers calcaires formés par le dépôt de ces eaux qui descendent dans la vallée de Pamboukalise (Asie Mineure).

Fig. 37. — Cascade incrustante de Pamboukalise (Asie Mineure).

Incrustations des grottes. — Lorsque les eaux, dans leur traversée du sol perméable, rencontrent des *grottes* ou *cavernes*, il arrive très-souvent qu'elles s'écoulent lentement le long des parois ou tombent goutte à goutte dans l'intérieur. L'acide carbonique qu'elles renferment s'échappe alors dans l'air de ces grandes cavités et le carbo-

Fig. 38. — Grotte avec stalactites et stalagmites.

nate de chaux, dont celui-ci avait facilité la dissolution, se précipite et forme le plus souvent des croûtes cristallines, connues sous les noms de *stalactites* lorsqu'elles recouvrent les parois ou s'allongent dans l'intérieur sous forme de pendentifs et de colonnes, et de *stalagmites* quand elles s'étalent sur leur fond ; c'est ce que montre bien la vue précédente de l'intérieur d'une caverne.

Eaux des cours d'eau. — Les eaux des cours d'eau présentent des différences de composition en rapport avec la nature du sol où naissent les sources et de ceux au travers desquels les cours d'eau s'écoulent. Les eaux des terrains primitifs et siliceux sont caractérisées par la présence de la silice, tandis que celle des terrains argileux et calcaires le sont principalement par la grande abondance du carbonate de chaux et fréquemment aussi par la présence du sulfate de chaux. Ces dernières, d'ailleurs, donnent à l'évaporation un résidu terreux beaucoup plus considérable que les premières. Je donne ici l'analyse de 1 litre d'eau du Cousin à Avallon (granite), de la Leyre à Biganos (sable des Landes), de l'Aube à Troyes (terrains jurassiques et crétacés), de l'Ourcq à son arrivée à Paris par le canal (terrains tertiaires) :

	COUSIN.	LEYRE.	AUBE.	OURCQ.
Total des matières salines par kilogramme..............	0gr, 077	0gr, 078	0gr, 198	0gr, 590

Lorsqu'un fleuve est formé par diverses rivières venant de contrées dont le sol est varié, on retrouve dans ses eaux les éléments qui caractérisent les diverses sortes d'eaux. Je donne ici comparativement la composition de l'eau des cinq grands fleuves français : on remarquera que celle de la Loire est la plus pure, et que celles du Rhin et surtout de la Seine l'emportent en impureté sur celles des autres.

Total des matières salines par kilogramme.

RHIN. Strasbourg.	SEINE. Paris.	LOIRE. Meung.	GARONNE. Bordeaux.	RHÔNE. Lyon.
0gr, 240	0gr, 254	0gr, 135	0gr, 166	0gr, 184

Les eaux potables sont celles, tant de source que de

rivière, dont l'usage n'a aucun inconvénient pour la santé; elles contiennent toujours de l'air et une petite quantité de carbonate de chaux et de chlorures alcalins; mais elles sont dépourvues de chlorures et de sulfates de chaux ou de magnésie.

Les eaux dites *crues* sont moins aérées, contiennent une plus grande quantité de carbonate de chaux et de chlorures alcalins, et surtout des sulfates de chaux et de magnésie; elles sont purgatives, impropres à la cuisson des légumes et au savonnage du linge, car elles décomposent immédiatement le savon.

Eaux des estuaires. — Dans les golfes désignés sous ce nom, qui forment la partie inférieure des grands cours d'eau, la marée se fait sentir jusqu'à une grande distance de la pleine mer; l'eau de celle-ci remonte surtout à marée haute, fait refluer les eaux douces et, en se mêlant avec elles, change leurs propriétés. C'est ce qui est parfaitement établi par les eaux prises à haute marée en divers points de la Gironde et analysées par M. Fauré. Les distances sont indiquées en kilomètres à partir d'une ligne droite tirée du fort de Royan à celui de la pointe de Grave:

Total des matières salines par kilogramme.

LASSENS.	BEC-D'AMBÈS.	PATÉ DE BLAYE.	PAUILLAC.	MARÉCHALE.	RICHARD.
90k	74k	62k	52k	39k	20k
—	—	—	—	—	—
0gr,237	0gr,545	4gr,422	8gr,179	13gr,207	32gr,740

§ II. — Eaux minérales.

Les sources minérales sont celles dont les eaux tiennent en dissolution des matières qui leur donnent une odeur ou une saveur et des propriétés particulières, autres que celles dues au carbonate et au sulfate de chaux.

« Les eaux que l'on désigne par ce nom, dit M. Leymerie, résultent sans doute d'infiltrations d'eaux superficielles, particulièrement des eaux de la mer, qui ont pu, à la faveur de quelques solutions de continuité, pénétrer dans la croûte terrestre jusqu'à une grande profondeur, et y acquérir une température élevée, et la faculté, avec l'aide sans doute d'une haute pression, d'agir sur les oxydes qu'elles rencontraient sur leur passage, de les décomposer, et enfin d'en dissoudre quelques parties.

« Beaucoup de ces eaux sont chaudes et prennent le nom de *thermales*[1], et la constance de leur composition et de leur température indique une origine profonde et des causes pour ainsi dire éternelles. D'autres ne diffèrent pas beaucoup, sous ce rapport, des eaux ordinaires. Celles-ci doivent leur minéralité, dans la plupart des cas, à des dissolutions ou à des réactions qui s'opèrent près de la surface du sol.

« On peut faire quatre grands groupes dans les eaux minérales, eu égard à la nature des matières qu'elles tiennent en dissolution; voici les dénominations qui leur sont affectées : *alcalines et gazeuses; sulfureuses; ferrugineuses; salines.*

« Les dernières présentent un grand nombre de sortes diverses; on pourrait réunir dans un cinquième groupe les eaux *salées* proprement dites.

Eaux alcalines et gazeuses. — « Les eaux alcalines, qui sont en même temps *gazeuses* dans la plupart des cas, sont principalement caractérisées par la présence de la soude, le plus souvent à l'état de carbonate, et par une certaine quantité d'acide carbonique libre qui s'en échappe en pétillant. Elles contiennent habituellement de la silice libre (Vichy, Mont-Dore, Bade). On y trouve aussi la plupart des sels qui minéralisent les eaux salines. Certaines sont riches en carbonate de chaux, qu'elles laissent déposer à l'état de travertin, de tuf, de pisolites ou d'oolithes. Ces sources sont presque toujours thermales. Les eaux alcalino-gazeuses se montrent habituellement dans

1. Les eaux sont dites *froides* quand elles ont une température voisine de la température moyenne du lieu, et *chaudes* ou *thermales* quand leur température est plus ou moins élevée au-dessus de cette dernière.

les contrées volcaniques. On peut citer, parmi les eaux thermales, celles de Vichy (Allier), Ussat (Ariége), et parmi les froides celles de Seltz (Bas-Rhin) et de Bussang (Vosges).

Eaux sulfureuses. — « Ces eaux sont remarquables par leur saveur et leur odeur qui rappellent celle des œufs couvés. Elles noircissent une pièce d'argent que l'on y plonge, et exercent sur l'économie animale des actions prononcées. Les eaux sulfureuses proprement dites, celles qui sourdent dans les montagnes ou à leur pied, du sein des terrains anciens et plus souvent encore au contact de ces terrains et des roches éruptives, ont une température plus ou moins haute. Ces eaux viennent indubitablement des profondeurs du globe. Elles contiennent différents sels parmi lesquels on remarque le chlorure de sodium; mais c'est le sulfure de sodium qui les caractérise, et qui doit être regardé comme leur principe sulfureux. On y trouve de la silice et une matière organique glaireuse (barégine ou glairine); enfin elles laissent dégager un peu d'azote et de l'hydrogène sulfuré.

« Il y a des eaux sulfureuses qui doivent leur naissance à des réactions qui se sont exercées près de la surface du sol, entre des sulfates et des matières organiques, comme les eaux d'Enghien. On peut citer, parmi les eaux thermales, celles de Bagnères-de-Luchon (Haute-Garonne), Aix (Savoie), Aix-la-Chapelle (Prusse Rhénane), Uriage (Isère); et parmi les froides celle d'Enghien (Seine-et-Oise).

Eaux ferrugineuses. — « Ces eaux, la plupart froides, ont une saveur ferrugineuse plus ou moins prononcée, et laissent déposer en coulant une matière ocracée qui aide à les faire reconnaître. Elles renferment, outre le carbonate ou le crénate de fer, du carbonate de soude et de chaux et du chlorure de sodium; certaines laissent en outre dégager de l'acide carbonique libre. Outre les sources carbonatées et crénatées, il en est beaucoup d'autres dont les propriétés sont dues à des pyrites décomposées.

et qui contiennent des sulfates de fer et d'alumine; celles-ci sont loin d'être aussi salutaires que les précédentes. » On peut citer, parmi les eaux thermales, celles des Bains-de-Rennes (Aude), et parmi les eaux froides Forges (Seine-Inférieure), Passy (Seine), Cransac (Aveyron), Spa (Belgique).

Eaux salines. — « Dans ce groupe nous plaçons toutes les eaux minérales qui, n'étant ni gazeuses ni alcalines d'une manière prononcée, renferment plusieurs sels en quantité notable, moindre généralement que celle que nous avons indiquée dans les eaux précédentes. Elles ont une saveur mixte ordinairement assez faible, qui participe des saveurs des principaux éléments salins qu'elles renferment. Les sels qui dominent dans leur composition sont d'abord les chlorures de sodium et de magnésium, et ensuite des sulfates de soude, de chaux, de magnésie, et enfin un peu de carbonate de chaux. — Cette catégorie renferme des eaux de composition et de température très variées. — Nous signalerons particulièrement les eaux magnésiennes, facilement reconnaissables à leur saveur amère, et les eaux séléniteuses (avec sulfate de chaux). » On peut citer, parmi les eaux thermales, Saint-Amand (Nord), Plombières (Vosges), Bagnères-de-Bigorre (Hautes-Pyrénées), Baden (Bade), et parmi les froides celle de Sedlitz (Bohême).

Eaux salées. — On peut ranger dans ce groupe toutes les eaux qui renferment du chlorure de sodium en quantité suffisante pour que la saveur de celui-ci soit bien prononcée et prédominante. Quelquefois la salure est aussi forte que celle de l'Océan, et les eaux sont exploitées pour la production du sel, comme à Salies (Basses-Pyrénées), Moutiers (Savoie), Nauheim (Hesse). Les sources tantôt thermales, tantôt ordinaires, sont ordinairement naturelles; quelquefois, comme celle de Nauheim, elles sont le résultat de sondages artésiens. Quelques-unes, comme les Almyros de la Crète, sont très-abondantes et produisent de petites rivières à leur sortie du sol.

CHAPITRE VI.

CHALEUR TERRESTRE.

Températures extrêmes. — Celles que l'on peut observer sur les divers points de la surface de la terre à 2 ou 3 mètres au-dessus du sol sont très-différentes. Les extrêmes reconnus sont à Esnèh (Haute-Égypte) + 47°4, et à l'île Melville au pôle boréal, — 56°7. Ce qui donne une différence de 104°1.

Dans un même lieu, la température présente aussi des différences pendant la durée soit du jour, du mois et de la saison, soit de l'année. Les différences pendant le cours de l'année sont d'autant moins grandes que des pôles on se rapproche davantage de l'équateur, ainsi qu'on peut le voir.

LOCALITÉS.	Latitudes.	Minima.	Maxima.	Différences.
Port-Élisabeth (Boothia-Félix).	71°	— 50°8	16°7	67°5
Copenhague	56°	— 17°8	33°7	51°5
Paris	48°	— 19°0	36°3	55°3
Rome	42°	— 5°0	31°3	36°3
Le Caire	30°	9°1	40°2	31°1
Surinam (Guyane)...........	7°	21°3	32°3	11°0

Températures moyennes. — La moyenne, soit de toutes les températures observées à des heures déterminées, soit du maximum et du minimum de chaque jour, donne d'abord la température moyenne des jours et ensuite celles des mois, des saisons et des années. La moyenne de plusieurs années consécutives, qui généralement diffèrent peu les unes des autres, donne la *température moyenne* du lieu.

La température moyenne des lieux va en s'abaissant de l'équateur vers les pôles, et on appelle *lignes isothermes* celles d'égale température moyenne. Ce sont des cercles irréguliers plus ou moins parallèles à l'équateur et aux parallèles de latitude. Dans le tracé de ces lignes, on fait abstraction des régions montagneuses dans lesquelles la température décroît rapidement avec l'altitude. Voici des exemples pris suivant des directions méridiennes, d'abord le long des côtes occidentales d'Europe et d'Afrique, et ensuite sur les côtes orientales de l'Asie et de l'Océanie.

CÔTES OCCID. D'EUROPE ET D'AFRIQUE.			CÔTES ORIENT. D'ASIE ET AUSTRALIE.		
	Latitude.	Temp.		Latitude.	Temp.
Nouvelle-Zemble.	73°,00	— 8°,4	Jakoutsk.........	62°,01	— 9°,7
Cap Nord.........	71°,10	0°,1	Irkoutsk.........	52°,16	— 0°,2
Stockholm.......	59°,21	5°,6	Nangasaki.......	32°,45	18°,3
Berlin...........	52°,31	8°,6	Canton..........	23°,02	21°,6
Londres.........	51°,31	10°,4	Singapore.......	1°,17	26°,5
Paris............	48°,50	10°,8	Batavia..........	6°,09	26°,8
Lisbonne........	38°,42	16°,4	Paramatta.......	33°,50	18°,1
Ténériffe........	28°,28	21°,9	Hobartown.......	42°,45	11°,3
St-Louis (Sénégal).	16°,01	24°,6			
Christiansborg ...	5°,24	27°,2			

Al. de Humboldt a fixé approximativement la température moyenne de l'équateur à 27°5; ce qui n'est vrai que pour les côtes; dans l'intérieur de l'Afrique et de l'Amérique la température est plus élevée; en Afrique, elle paraît aller jusqu'à 29°2. — Arago estimait que le pôle nord devrait avoir une température de — 18° ou — 32° suivant qu'il serait formé par des mers ou par des terres.

Les variations de température qui se produisent pendant la durée de chaque jour à la surface du sol se font d'autant moins sentir dans le sol qu'on place le thermomètre dans des couches plus profondes. Dans nos latitudes, si on s'enfonce à moins de 1 mètre dans le sol, on n'observe déjà plus les variations horaires dues à la chaleur du jour et à la fraîcheur des nuits. Plus profondément, dans les caves, dans les puits, les variations de la température sont beaucoup moindres qu'à l'air extérieur.

A 10 mètres de profondeur, la variation n'est plus que de 1 degré, pendant toute la durée de l'année, lorsque l'air ne se renouvelle pas. Enfin à 30 mètres se trouve une température absolument invariable. Cette profondeur varie suivant les latitudes; elle est d'autant plus grande que les extrêmes du froid et du chaud sont plus écartés. Sous l'équateur, il ne faut descendre que de un demi-mètre; tandis qu'en Sibérie, il faut aller jusqu'à 40 mètres. La température du point où celle-ci est invariable varie aussi suivant les latitudes, car elle dépend de l'action du soleil à la surface; à Paris, elle est d'environ 12°; à Marseille, de 15°. En Sibérie, elle est au-dessous de 0°, le sol est constamment gelé jusqu'à une grande profondeur.

Les nappes d'eau contenues dans le sol, lorsqu'elles sont à une profondeur convenable, ont, par suite, des températures qui varient à peine avec les saisons et qui se rapprochent de la température moyenne qu'elles donnent ainsi d'une manière approximative. Dans la zone tempérée, les puits de 20 à 30 mètres de profondeur réalisent ces conditions ainsi que les sources provenant de nappes horizontales, recouvertes d'assises ayant une épaisseur analogue.

Tout le monde sait que les caves, les cavernes, aussi bien que les sources, présentent des températures qui font toujours contraste avec celles de l'air extérieur : en effet, elles paraissent froides en été et chaudes en hiver. Mais il n'en est véritablement rien, et le thermomètre démontre que la température peu variable et voisine de la température moyenne est cependant un peu plus élevée en été qu'en hiver, alors que par suite du contraste de la température extérieure on pourrait être tenté de croire le contraire.

Mines. — Mais au-dessous de la couche du sol à température invariable, commence un phénomène nouveau, inattendu, dont l'étude appartient tout entière aux géologues, auxquels on en doit la découverte et aussi l'explication.

A mesure qu'on s'enfonce dans le sol au-dessous de la couche à température invariable, on voit la température des matériaux qui le constituent s'élever graduellement et atteindre un chiffre de beaucoup supérieur à cette température invariable et approcher même de la température *maximum* qu'on observe à la surface dans le même lieu.

Ce fait a été reconnu pour la première fois en 1740 dans les Vosges par Gensanne qui calcula une augmentation de 1° par chaque approfondissement de 19 mètres.

A la fin du siècle dernier, de Saussure avait remarqué que les glaciers des Alpes fondent par leur base en toute saison, et attribué à la chaleur propre du globe la cause de cette fusion. D'après les expériences qu'il fit dans les salines de Bex, il crut pouvoir fixer à 1 degré pour 37 mètres de profondeur l'accroissement régulier de la température terrestre.

Au commencement de ce siècle, d'Aubuisson, en Saxe et en Bretagne, en 1802 et 1806 ; de Humboldt à la même époque au Mexique ; de Trébra en Saxe, de 1806 à 1816 ; W. Fox en Cornouailles, en 1820 et 1821, prirent, dans des mines profondes, les températures soit du roc, soit des sources, soit de l'eau des puisards, soit enfin de celle des inondations. Ces divers observateurs constatèrent des températures plus élevées que celle de la couche invariable ou bien que la température moyenne du lieu ; c'est ce que montre le résumé suivant dans lequel la dernière colonne donne le nombre de mètres nécessaire pour obtenir un accroissement de 1 degré.

		Profond.	Tempér.	Tempér. moy.	Excès.	Accrois.
Sources.	Saxe	256m	13°,8	8°	5°,8	44m,2
	Mexique	522m	36°,8	16°	20°,8	25m,1
Roc. ...	Saxe	380m	18°,7	8°	10°,7	35m,3
	Cornouailles.	421m	24°,2	10°	14°,2	30m,0

Ces observations faites par des observateurs différents, avec des thermomètres non comparés entre eux, à des époques diverses et dans des circonstances variables, souvent défavorables, démontrent incontestablement un accroissement de température considérable lorsqu'on descend dans l'intérieur du sol; mais dans une progression assez variable : depuis 1° par 16 mètres jusqu'à 1° par 44 mètres, ce qui donne des différences du simple au triple. Elles n'eurent pas grand retentissement parmi les savants Mais, en 1825, elles appelèrent l'attention de L. Cordier, ingénieur des mines, professeur de géologie au Muséum de Paris. Il reprit ses expériences dans le nord, le centre et le midi de la France avec tout le soin désirable, dans des mines de houille, et le 4 juin 1827, il lut à l'Institut un travail remarquable qui ne tarda pas à lui en ouvrir les portes : l'*Essai sur la température de l'intérieur de la terre.*

Il était arrivé aux résultats suivants :

	Profond.	Tempér.	Tempér. moy.	Excès.	Accrois.
Carmeaux (Tarn).....	192m	19°,5	13°,5	6°,0	43m,1
	182m	17°,2	13°,5	3°,7	28m,4
Decize (Nièvre).......	107m	17°,8	11°,4	6°,4	15m,5
	171m	22°,1	11°,4	10°,7	15m,1
Littry (Calvados)......	99m	16°,2	11°,0	5°,2	19m,3

La moyenne des observations de Carmeaux est de 35m,8 d'approfondissement pour un accroissement de 1°; à Decize, elle est de 15m,3.

« Nos expériences, dit L. Cordier, confirmeront pleinement l'existence d'une chaleur interne, qui est propre au globe terrestre, qui ne tient point à l'influence des rayons solaires et qui croît rapidement avec les profondeurs. L'accroissement est certainement plus rapide qu'on ne l'avait supposé; il peut aller à 1 degré pour 15 et même 13 mètres en certaines contrées; provisoirement, le terme moyen ne peut pas être fixé à moins de 25 mètres. »

Dans les mines de l'Erzgebirge (Saxe), on a organisé un vaste ensemble d'observations qui ont été poursuivies pendant dix ans au moyen de thermomètres scellés dans la pierre et disposés suivant une même ligne verticale dans vingt mines différentes. On a pu réunir de 1821 à 1831 près de quatre cents observations faites à des hauteurs variant de 20 mètres à 350 mètres. M. Reich en a conclu que l'augmentation de température était de 1° pour 42 mètres de profondeur.

Des expériences à peu près analogues faites dans les mines de l'Oural, en Sibérie, ont conduit M. Kupffer à un résultat supérieur de près de moitié, quant à la rapidité de l'accroissement de chaleur : l'augmentation a été de 1 degré pour 20 mètres de profondeur.

Dans les latitudes élevées, des faits semblables ont été aussi constatés. Ainsi, dans la Sibérie orientale, à Iakoutsk, par 62° de latitude, un puits ordinaire a fourni les résultats suivants :

Profondeur.	Température.
0m,0	— 9°,7
36m,3	— 5°,0
116m,5	— 0°,6

Ce qui donne pour 116m,5 un excès de température de 9°,1 ou 1° d'accroissement par 12m,8 de profondeur.

Puits artésiens. — Lorsque les sondages sont poussés à une assez grande profondeur, les eaux ont une température de beaucoup supérieure à la température invariable de la contrée; ils donnent ainsi, d'un côté, des preuves directes de la température élevée de l'intérieur de la terre, et de l'autre, une éclatante confirmation des résultats obtenus par L. Cordier, tout en fournissant des chiffres différents encore.

Voici les résultats obtenus dans cinq grands sondages de l'Europe occidentale :

	Profond.	Temp.	Tempér. moy.	Excès.	Accrois.
Minden (Prusse)......	680m	32°,7	9°,6	23°,1	29m,6
Grenelle (Paris).......	547m	27°,7	10°,7	16°,0	31m,1
St-André (Eure)......	253m	16°,4	8°,3	8°,1	30m,9
Rochefort (Char.-Infér.)	816m	41°,5	2°,7	28°,8	28m,4
Arcachon (Gironde)...	126m	16°,6	13°,0	3°,6	35m,0

D'autres sondages faits à Mondorff, près Luxembourg, à Périgny, près Genève, donnent des résultats analogues: 1° pour 31 mètres et 29 m^{m},1 d'approfondissement.

Sources thermales. — On appelle ainsi les sources dont les eaux sont à une température supérieure de quelques degrés au moins à celle de la température moyenne du lieu où elles sont situées; tantôt celle-ci est peu élevée, comme à Uriage (Isère), où elle est à 27°; tantôt elle l'est davantage, comme à la source Bayen de Bagnères-de-Luchon qui est à 66°,3. Quelquefois elle est fort élevée, comme à Chaudes-Aigues (Cantal), où les eaux sont à 88°, ou bien aux Geysers de l'Islande, dont les bassins sont à 100° à la surface et à 124° degrés à 20 mètres au-dessous.

D'après l'accroissement de température dans les profondeurs, qu'accusent si nettement, soit les mines profondes, soit les sondages artésiens, on considère les sources thermales comme dues, dans la plupart des cas, à des eaux superficielles qui ont pénétré dans le sol d'autant plus profondément que leur température est plus élevée, et qui viennent ensuite ressortir en apportant la température de la zone jusqu'à laquelle elles sont descendues, et dans laquelle aussi elles ont pu se charger des matières minérales qu'elles tiennent si souvent en dissolution. En effet, elles renferment le plus souvent des substances minérales qui sont souvent différentes de celles qui se trouvent dans les sources ordinaires; le carbonate de chaux y existe cependant, mais le plus souvent il se dépose à l'état d'aragonite, de ce carbonate de chaux qui cristallise en prime rhomboïdal sans clivage, comme cela se produit à Saint-Nectaire (Puy-de-Dôme), à Carslbad en Bohême, etc.

A Vichy, les sources thermales renferment une grande quantité de carbonate de soude, puisque la quantité rejetée chaque année atteint environ 4400 mètres cubes.

En Toscane, des sources très-chaudes déposent de l'acide borique. Les Geysers de l'Islande renferment en dissolution de la silice qui, en se précipitant, forme sur les bords des bassins et dans le lit des ruisseaux d'écoulement, des concrétions de silex qui ont une grande ressemblance avec certains silex résinites des terrains tertiaires qui ont sans doute été déposés par des eaux analogues.

Les sources thermales se rencontrent à toutes les latitudes, tout aussi bien dans les régions glacées polaires, que dans les zones tempérées et la zone torride. Leurs températures sont très-variées et quelquefois variables lorsque, dans leur remontée à la surface du sol, elles se mêlent avec d'autres eaux beaucoup plus superficielles dont l'abondance varie avec les saisons. Dans ce cas elles sont généralement moins chaudes après la saison pluvieuse qu'après la saison sèche, ou bien en hiver et au printemps, qu'en été ou à l'automne.

Voici, en exemple, les principales sources thermales de la France, de l'Allemagne et quelques-unes des plus chaudes des autres parties de la terre :

Vosges……	Plombières…	68°,0
Plateau central……	Mont-d'Or…	45°,0
	Chaudesaigues……	88°,0
Aquitaine…	Dax………	62°,5
Pyrénées….	Bagn.-de-Bigorre….	51°,0
	Bagnères-de-Luchon….	66°,3
	Le Vernet…	56°,9
Alpes…….	Lamothe (Isère)………	59°,0
Méditerran..	Balaruc (Hér.)	50°,0
Corse…….	Pietrapola…	55°,0
	San Antonio.	52°,0

Allemagne..	Carlsbad….	75°,0
	Tœplitz….	48°,0
	Ems…….	50°,0
	Wiesbaden..	62°,0
	Baden-Baden	65°,0
Suisse (Schinznach)……		33°,0
Italie (Civita-Vecchia. *Romagne*)…… ……		55°,0
Anatolie (Brousse)…….		84°,0
Algérie (Hamm.-Meskoutin)		95°,0
Islande (Geyser)………		100°,0
Mexique (Comangillas)…		96°,4
Nlle-Grenade (las Trincheras)………………		90°,3

Chaleur centrale. — « Dans les phénomènes observés, disait L. Cordier en 1827, d'accord avec la théorie mathématique de la chaleur, annonçant que l'intérieur de la terre est pourvu d'une température très-élevée qui lui est particulière, et qui lui appartient depuis l'origine des choses, et, d'un autre côté, le volume de la masse terrestre étant infiniment plus considérable que celui de la masse des eaux (environ dix mille fois plus grand), il est extrêmement vraisemblable que la fluidité, dont le globe a incontestablement joui avant de prendre sa forme sphéroïdale, était due à la chaleur.

« Cette chaleur était excessive, car celle qui actuellement pourrait exister au centre de la terre, en supposant un accroissement continu de 1 degré pour 25 mètres de profondeur, excéderait 3500° du pyromètre de Wedgwood (plus de 250 000° centigrades)[1].

« On doit admettre que la température de 100° du pyromètre de Wedgwood, température qui serait capable de fondre toutes les laves et une grande partie des roches connues, existe à une profondeur très-petite, eu égard au diamètre de la terre, et par exemple que cette profondeur est de moins de 275 kilomètres à Carmeaux, de 150 kilomètres à Littry et de 115 kilomètres à Decize ; nombres qui correspondent à 1/23e, 1/42e et 1/55e du moyen rayon terrestre.

« Si on considère, d'une part, la généralité que les observations de Dolomieu, sur le gisement des foyers d'éruption, et nos expériences sur la composition des laves, ont donné aux phénomènes volcaniques, et de l'autre la grande fusibilité des matières que tous les volcans de la terre rejettent actuellement et même depuis longtemps, on devra penser que la fluidité intérieure commence, du moins sur beaucoup de points, à une profondeur notablement moindre que celle où réside la température de 100° du pyromètre de Wedgwood.

« L'épaisseur moyenne de l'écorce de la terre n'excède probablement pas 100 kilomètres. Je dirai même que, d'après plusieurs données géologiques, non encore interprétées, il est à croire que cette épaisseur moyenne n'équivaudrait pas à la soixante-troisième partie du moyen rayon terrestre.

1. Le zéro du pyromètre de Wedgwood correspond à 580°,55 du thermomètre centigrade, et chacun de ses degrés égale 72°,22 d'après cet auteur.

« L'épaisseur de l'écorce de la terre est probablement très-inégale; cette grande inégalité nous paraît annoncée par celle de l'accroissement de la température souterraine d'une contrée à l'autre. La différence des conductibilités ne peut seule rendre raison du phénomène.

« Si l'on en juge par les laves des volcans, la fluidité de la matière incandescente qui constitue l'intérieur de la terre serait très-grande, et sa densité dans les régions éloignées du centre (par exemple à une distance égale aux 49/50es du rayon) serait encore fort inférieure à la densité moyenne du globe entier. On peut conclure, indépendamment de toute autre considération, que la densité des matières centrales tient beaucoup plus à leur nature qu'à la compression : elles se sont originairement placées dans l'ordre des pesanteurs spécifiques. L'existence de l'or et du platine nous prouve qu'il peut se trouver au centre de la terre des matières ayant par leur nature une extrême densité.

« La nature des pierres tombées du ciel et l'existence des fers météoriques prouvent que le fer, à l'état métallique et allié de nickel, peut entrer abondamment dans la composition des masses planétaires. »

M. Louis Figuier résumant, près de quarante années plus tard, les données les plus récentes de la science disait, en 1863 :

« Il est donc prouvé que la température de l'intérieur de notre globe va sans cesse en croissant; les observations directes permettent de fixer cette augmentation à 1° pour 33 mètres de profondeur.

« Si l'on admet que cette progression se continue régulièrement jusqu'au centre du globe (hypothèse aussi difficile à rejeter qu'à défendre), il en résulterait que la température du noyau central terrestre serait de 195 000 degrés; — qu'à une profondeur moindre de 1/50 du noyau terrestre, la chaleur serait de 7 700 degrés au thermomètre centigrade (100 degrés du pyromètre de Wedgwood), température capable de fondre toutes les laves et une grande partie de toutes les roches connues ; — enfin que la température de 100 degrés centigrades, en d'autres termes la chaleur de l'eau bouillante, existerait à la profondeur de 2500 mètres au-dessous du sol. »

Évaluation des températures. — Le tableau suivant donne celles auxquelles l'homme peut soumettre les corps, dans les laboratoires scientifiques et les ateliers industriels. La première moitié donne, pour les températures inférieures au point d'ébullition du mercure, quelques jalons empruntés au point de liquéfaction ou de volatilisation de corps bien connus. Dans la seconde moitié se trouvent les évaluations de M. Pouillet relatives aux diverses nuances de rouge avec quelques autres jalons pris dans les mêmes conditions :

Températures inférieures à 350°.	
Solidification de l'alcool..	—100°,0
Liquéfaction de l'ac. carb.	—78°,0
Liquéfaction du chlore..	—40°,0
Solidification du mercure.	—39°,5
Solidif. de l'eau de mer.	—2°,5
Fusion de la glace.......	0°,0
Ébullition de l'éther sulfurique.............	35°,5
Fusion du phosphore...	44°,2
Ébullit. du sulf. de carb.	48°,0
Fusion du potassium....	55°,0
Ébullition de l'alcool ...	78°,3
Fusion du sodium	90°,0
— de l'alliage d'Arcet.................	94°,0
Ébul. de l'eau distillée..	100°,0
— de l'eau de mer...	103°,7
Fusion du soufre.......	114°,5
Ébullition de l'iode.....	176°,0
— de l'étain.....	235°,0
— du succin....	288°,0
Ébullition du phosphore.	290°,0
— de l'acide sulfurique hydraté	326°,0
Fusion du plomb.......	335°,0

Températures supérieures à 350°.	
Ébullition du mercure..	350°,0
— de l'huile de lin.	387°,1
— du soufre....	400°,0
Fusion du zinc.........	450°,0
Rouge naissant.........	525°,0
Fusion de l'aluminium..	600°,0
Rouge sombre .... / Ébullition du potassium.	700°,0
Cerise naissant.......	800°,0
Cerise............... / Fusion du bronze......	900°,0
Cerise clair.......... / Fusion de l'argent.....	1000°,0
Fusion de la fonte : Fusion du cuivre.	1050°,0
Orange foncé...	1100°,0
Orange clair....	1200°,0
Fusion de l'or.........	1250°,0
Blanc .... / Ébullition du zinc	1300°,0
Fusion de l'acier....... / *Blanc soudant*	1400°,0
Blanc éblouissant......	1500°,0
Fusion du fer doux....	1600°,0
Fusion du platine	1700°,0

En supposant uniforme l'accroissement de température dans l'intérieur du sol, on aurait les résultats suivants pour Paris, où la température moyenne est de 10°,7, et l'accroissement de 1° par 31ᵐ,1.

100°	à	2768ᵐ	1000°	à	30 758ᵐ
200°	à	5868	1500°	à	46 308
500°	à	15 208	1700°	à	52 528

Bien avant les deux dernières températures et profondeurs, la plupart des roches qui composent l'écorce terrestre seraient réduites en fusion.

CHAPITRE VII.

VOLCANS.

Volcans en général. — Les volcans sont des collines ou des montagnes de forme conique plus ou moins surbaissée, terminées par un orifice en cône renversé désigné sous le nom de *cratère*.

Ils rejettent ou ont rejeté des matières gazeuses qui se sont perdues dans l'atmosphère, et des matières liquides ou solides qui se sont répandues à la surface du sol sous trois formes : les *cendres*, formées par des parties très-fines projetées à l'état pulvérulent, et qui sont transportées par les vents jusqu'à une distance plus ou moins grande de l'orifice ; les *scories*, qui sont des parties plus ou moins grosses, projetées en l'air à l'état liquide ou déjà solidifiées, et qui, en retombant autour de l'orifice, forment en grande partie le cône ; enfin les *coulées* de matière fondue, qui forment des nappes sur les flancs, et vers le pied des amas, dans les parties où le sol est horizontal ou à peu près. Dans la plupart des volcans, comme le Vésuve, l'Etna, etc., les éruptions, c'est-à-dire les déjections de matière, n'ont lieu qu'à des époques assez éloignées ; dans les intervalles, le volcan est dans un état de repos assez grand, et ne laisse guère dégager que des substances gazeuses et des vapeurs. Quelquefois, au contraire, comme au Stromboli, dans les îles Lipari, les éruptions ont lieu d'une manière continue ; elles sont alors fort petites, et consistent en quelques jets de scories et en un petit épanchement de lave, tandis que dans les autres volcans il se produit des déjections considérables de scories et de grandes coulées de laves.

Les éruptions se manifestent à des intervalles de temps fort irréguliers, et de grands bruits et des détonations as-

Fig. 39. — Coupe théorique d'un volcan en éruption.

sez fortes pour ébranler le sol, les accompagnent très-souvent.

Les matières gazeuses forment des jets, appelés *fumerolles,* sortant de la masse liquide qui s'élève à une plus ou moins grande hauteur dans la cheminée du volcan, c'est-à-dire le canal qui met en communication la masse intérieure fluide du globe avec l'atmosphère.

« Ces gaz, d'après les observations de M. Ch. Sainte-Claire Deville, consistent souvent en air échauffé, plus ou moins altéré par l'addition de quelques gaz ou vapeurs, par l'absorption plus ou moins notable d'une partie de son oxygène. Tout porte à croire qu'en pareil cas les évents sont en communication avec l'air par quelque fissure éloignée, et qu'ils l'aspirent et le restituent par un mouvement de siphon, après l'avoir échauffé. Mais parfois, dans ces gaz, l'acide carbonique se présente à la dose notable de 9 à 10 pour 100, comme on le voit dans les fumerolles du Vésuve. L'acide sulfureux, quelquefois à peine appréciable, s'élève à 6, à 7 et même à 8 pour 100 dans les gaz de la grande solfatare, et à 85 dans les fumerolles de Vulcano. L'acide sulfhydrique est dans le même cas. En résumé, la nature des gaz produits par les fumerolles d'un même volcan n'est pas constante. En outre, la même fumerolle ne produit pas toujours le même gaz. » Ces matières gazeuses renferment de la vapeur d'eau en assez grande quantité, et sont presque toujours incombustibles; aussi ne se produit-t-il pas de véritables flammes. Ordinairement, ce qu'on prend pour celles-ci pendant la nuit, ce sont les vapeurs et les cendres qui sortent à l'état rouge, par suite de la haute température des matières liquides, ou bien les cendres et les scories, qui, après un commencement de refroidissement, sont éclairées par la lave liquide qui bouillonne dans le cratère.

Les laves sortent et s'épanchent à la surface du sol, tantôt par le cratère, lorsque les volcans sont peu élevés, comme au Stromboli, au Vésuve, tantôt, et beaucoup plus souvent, par des fentes qui se produisent sur les flancs ou vers le pied du cône volcanique, ainsi que cela se passe habituellement à l'Etna. En 1809, par exemple, il se fit une grande éruption : des vapeurs, des cendres et même une petite coulée de laves sortirent du grand cratère terminal; mais vers le milieu de la hauteur du cône, il se fit une crevasse qui donna issue à un grand courant de laves qui coula pendant huit à dix jours.

Comme exemple d'éruption se produisant exclusivement sur les pentes inférieures d'un grand cône volcanique, on peut citer pour l'Etna, dont l'élévation est de 3300 mètres, celle de 1669, qui donna naissance aux *Monti-Rossi*. Ceux-ci sont situés au bord inférieur de la région des forêts, un peu au-dessus de Nicolosi, ville placée à 700 mètres d'altitude, aux deux cinquièmes de la distance qui sépare Catane du cratère terminal de l'Etna. Un tremblement de terre mit d'abord par terre toutes les maisons; puis non loin s'ouvrirent deux gouffres dont il sortit une telle quantité de cendres et de scories, qu'en trois ou quatre mois il en résulta le double cône des Monti-Rossi, élevés de 170 mètres. Mais le phénomène le plus extraordinaire se produisit au commencement, dans la plaine de San-Lio : une fente de deux mètres de largeur, et d'une profondeur inconnue, s'ouvrit avec grand fracas et s'étendit du nord au sud, suivant une ligne un peu tortueuse, jusqu'à 1600 mètres du sommet de l'Etna, sur une longueur de 20 kilomètres. Elle émettait une très-vive lumière, due sans doute à la lave en fusion qui la remplissait. Plus tard, cinq autres fentes parallèles s'ouvrirent l'une après l'autre, émettant de la fumée et des bruits qui furent entendus à 65 kilomètres. Les Monti-Rossi s'ouvrirent alors et donnèrent issue à un courant de lave qui recouvrit quatorze villes ou villages, dont plusieurs de trois à quatre mille habitants. Il s'étendit sur une longueur de 15 kilomètres, et au tiers supérieur sa largeur atteignit jusqu'à 5 kilomètres. Aux deux tiers inférieurs, il entoura l'ancien cône dit Monte Santa-Sofia, et arriva enfin le long des remparts de Catane. Ceux-ci, qui avaient été surélevés à la hâte jusqu'à une hauteur de 20 mètres, ne furent pas renversés; mais la lave déborda et retomba en cascade ardente qui inonda une partie de la ville. Enfin le courant entra dans la mer et s'y arrêta, en comblant une partie du port. Il avait encore une largeur de près de 600 mètres et une hauteur de 14 mètres.

La fluidité des laves est assez grande, et sur des pentes un peu fortes leur marche est assez rapide. Une coulée à Ténériffe parcourut huit lieues en vingt-quatre heures; mais dans les circonstances ordinaires, sur des pentes douces, il faut ordinairement plusieurs jours pour qu'un courant avance d'une lieue. La plus grande distance qu'une lave ait parcourue est une dizaine de lieues.

Les courants de lave, par suite du refroidissement qu'ils éprouvent au contact de l'air, se recouvrent très-vite d'une croûte solide scoriacée, divisée en fragments d'abord séparés les uns des autres, et qui nagent à la surface de la lave, puis qui finissent par se souder, se réunir, et former une sorte de galerie couverte dans laquelle la lave continue de s'avancer. A l'extrémité inférieure du courant, les scories conservent une mobilité qui permet à la lave d'avancer; ou bien, si sa marche est lente par suite de la faible inclinaison du sol, les scories se soudent, et de temps en temps il se fait des fissures et des crevasses par lesquelles la lave reprend son cours, arrêté pendant quelque temps.

La température des laves est très-élevée dans le cratère et dans les premiers temps de leur sortie; elle est capable de fondre même le feldspath, mais elle n'altère pas le quartz. Au bout d'un temps ordinairement peu long, la température diminue beaucoup, et les laves perdent leur fluidité; cependant leur conductibilité est assez faible pour que les coulées un peu épaisses conservent encore, au bout de deux ou trois ans, une température suffisante pour vaporiser la pluie qui tombe dans les fissures qu'elles présentent.

Pendant leur marche, et lorsqu'ils sont arrêtés dans des dépressions du sol, les courants de lave laissent dégager de la vapeur d'eau; il se sublime en outre diverses substances minérales sur les parois des fissures qui existent dans les parties extérieures consolidées. Ce sont habituellement du carbonate de soude, du sel marin, du sel ammoniaque, comme à l'Etna, où on en recueille abondamment, ou bien du chlorure de cuivre, du sulfure d'arsenic, du fer oligiste, etc.

Les laves qui se solidifient en coulant sur des pentes, présentent des cellules en général irrégulièrement allongées, tandis que celles qui se solidifient en repos présentent des cellules arrondies. Les laves toutefois ne sont guère celluleuses qu'à la partie extérieure des courants. Les parties centrales présentent une compacité très-grande, semblable à celle des basaltes des terrains tertiaires, ainsi qu'on peut le voir lorsque des coulées de dates connues sont dégradées par les torrents. C'est ce qui a lieu à l'Etna pour une coulée de 1603. Quand la matière de la lave se solidifie brusquement, les molécules des minéraux composants n'ont pas le temps de se réunir d'après les lois de la cristallisation, et il se produit des roches vitreuses.

Quand la lave s'épanche dans des fissures, elle forme de véritables filons qui ont une structure compacte, et qu'on ne pourrait distinguer des basaltes tertiaires.

La nature des matériaux rejetés par les volcans présente généralement une assez grande uniformité. Ce sont des roches dans lesquelles le pyroxène est uni au labradorite, et qui sont à texture soit grenue, soit compacte, soit scoriacée, soit vitreuse, ou bien des roches friables, cinériformes. Ordinairement, le péridot et le fer titané s'y rencontrent; quelquefois, comme à la Réunion et à Taïti, le péridot est très-abondant. Dans quelques cas très-rares, comme au Vésuve, le labradorite est remplacé par l'amphigène. Quelquefois, enfin, le pyroxène ne se trouve pas dans les roches volcaniques. Elles sont alors composées de ryacolithe et il en résulte une véritable trachyte comme à l'île d'Ischia près de Naples, à Ténériffe.

Entre les éruptions, et surtout dans certains volcans où il ne se produit plus d'éruptions, il se dégage des vapeurs, renfermant du soufre qui se condense en cristaux dans les fissures des roches et que l'on exploite sur plusieurs points, comme à la solfatare de Pouzzoles près Naples. L'acide sulfureux qui se dégage en même temps, agit sur ces mêmes roches et les transforme en alunite lorsqu'elles sont feldspathiques, ou bien en d'autres roches lorsqu'elles sont pyroxéniques. Ces roches altérées prennent alors des teintes vives, blanches, jaunes, rouges ou violettes.

« Les laves, dit M. d'Omalius, produisent quelquefois sur les matières qu'elles traversent, qu'elles enveloppent ou qu'elles recouvrent des effets analogues à ceux des incendies souterrains : c'est ainsi que l'on voit, dans leur voisinage, des argiles et des schistes transformés en porcellanite. On voit aussi du granit qui a pris une texture celluleuse ou un aspect vitreux, du calcaire compacte qui a pris une texture cristalline, du bois transformé en charbon, etc. Mais l'action des laves est très-variable, et on les voit quelquefois reposer sur des roches qui n'ont point éprouvé d'altération sensible.

« Ce sont surtout les émanations gazeuses qui produisent les altérations les plus importantes; quelquefois elles changent tout à fait les caractères des roches : c'est ainsi que les émanations sulfureuses désagrégent les roches feldspathiques et leur font perdre leurs éléments alcalins; d'autres fois, notamment en Toscane, ces émanations sulfureuses transforment du calcaire en gypse. Les émanations qui s'échappent des volcans, aidées par la dilatation résultant de la chaleur, déterminent, dans l'intérieur des roches, la formation de cristaux ou de concrétions de diverses substances, telles que de l'oligiste spéculaire, du soufre, du réalgar, du sel marin, du salmiac, de l'atakamite, etc. Il paraît même que ces émanations donnent naissance à la production de silicates et d'hydro-silicates.

Vésuve. — « Ce volcan, dit Dufrénoy, dont la forme générale est conique, est isolé de toutes parts et il s'élève au milieu d'un terrain de tuf. La base de cette montagne a environ 35 000 mètres de circonférence et la hauteur au-dessus de la mer est de 1198 mètres. Elle se compose de deux parties distinctes : l'une conique, assez aiguë, occupe le centre du groupe et constitue le *Vésuve proprement*

ment dit; la seconde, que l'on désigne sous le nom de *Somma*, forme une enceinte circulaire qui enveloppe le cône central sur environ la moitié de sa circonférence.

« La Somma paraît avoir constitué à elle seule pendant longtemps le groupe entier du Vésuve. Le peu de renseignements que l'on possède sur la forme de cette montagne, à l'époque où les Grecs sont venus s'établir en Italie, nous la montre comme terminée par une vaste plaine présentant à son centre une dépression circulaire assez profonde.

Fig. 40. — Le Vésuve après l'éruption de l'an 79.

« Aucun phénomène particulier ne décelait alors l'origine du Vésuve. Ce n'est que vers le milieu du premier siècle de l'ère chrétienne que remontent les premiers phénomènes qui se rattachent à l'apparition du Vésuve. Un tremblement de terre, qui doit avoir occasionné des ravages considérables, eut lieu dans l'an 63 : plusieurs autres, plus ou moins violents, se succédèrent sans interruption depuis cette époque jusqu'à l'an 79, où eut lieu l'éruption qui détruisit Herculanum et Pompéi; c'est de cette éruption, la plus violente de toutes celles qui se sont succédé depuis, et qui présente des caractères particuliers, que date très-probablement l'élévation du cône central que l'on désigne maintenant sous le nom de Vésuve.

« Le cône du Vésuve s'élève brusquement au milieu du Piane, qui, lui-même, est un cône fort surbaissé : sa hauteur totale, prise à la Punta del Palo, est de 1185 mètres, et celle au-dessus du Piane est de 535 mètres. La pente du Vésuve, à peu près uniforme sur toute sa hauteur, est de 33°. A sa partie inférieure, elle s'adoucit et se raccorde avec la surface du Piane et la pente de la Somma.

« Le sommet du Vésuve, désigné généralement sous le nom de cratère, a la forme d'un cercle un peu allongé de l'est à l'ouest, dont le diamètre est environ de 750 mètres sur 700. Sur les trois quarts de sa circonférence, ce cercle est surmonté par une arête assez escarpée intérieurement, tandis que l'extérieur présente l'inclinaison générale de tout le cône. Une partie beaucoup plus élevée s'élève au N. O., elle est désignée sous le nom particulier de *Palo*. Avant l'éruption de 1822, qui détruisit en partie le cratère, le Palo était encore plus élevé. Le sommet du cratère est terminé par une plaine très-irrégulière, couverte de blocs de scories et de laves, et coupée par de nombreuses fissures, desquelles il se dégage des vapeurs analogues aux fumerolles qui s'échappent des coulées de laves. Au centre de cette espèce de plaine sont deux vastes entonnoirs, dont l'un, beaucoup plus grand que l'autre, présente une troisième excavation.

« La sortie des laves a lieu quelquefois par le cratère même, comme dans les éruptions de 1822 et 1828; mais fréquemment les bouches qui les déversent s'ouvrent sur les flancs et quelquefois même au pied du Vésuve. Il est rare que la lave ne se fasse jour qu'en un seul point, presque toujours il se forme plusieurs bouches qui vomissent successivement ou même à la fois des torrents enflammés. Ces différentes bouches sont ordinairement placées en ligne droite, et fréquemment même elles sont reliées entre elles par une fente : lorsque la lave cesse d'affluer, elle se solidifie dans ces différentes ouvertures qui constituent par leur ensemble un véritable filon.

« Les coulées de laves tracent sur la surface du Vésuve des sillons dont la largeur dépend de l'abondance de la lave et du relief du terrain. Mais quelle que soit cette largeur, elles se présentent toujours comme de simples lanières : disposition que M. de Humboldt a caractérisée en disant que les laves sont toujours en bandes étroites.

« La coulée de 1794, qui s'est prolongée jusqu'à la mer, et a couvert Torre del Greco, est une des plus considérables de toutes celles qui sillonnent les pentes du Vésuve ; elle présente à son origine une largeur égale seulement à la 110ᵉ partie de la circonférence sur laquelle ses bouches sont ouvertes ; tandis que dans l'endroit où elle atteint sa plus grande largeur, c'est-à-dire en face de Dedonna, situé à un quart de sa longueur totale, elle est égale à environ la 55ᵉ partie de la circonférence du cercle qui passe à cette hauteur du Vésuve.

« Quand les coulées s'arrêtent, par suite du peu d'abondance de la matière vomie par le volcan, la lave s'amincit et se tiraille dans tous les sens, comme une matière pâteuse que l'on étire. Dans ce cas, elle présente les caractères de scories, et elle ne devient jamais lithoïde.

« L'intérieur des coulées possède une haute température, et reste même en fusion longtemps après que la lave a cessé de couler. La longueur du refroidissement dépend, en général, de l'épaisseur de la couche de laves, et de quelques autres circonstances peu connues. La haute température et la fusion de la lave sont indiquées par la présence des fumerolles, c'est-à-dire par le dégagement des vapeurs de différentes natures qui s'échappent sous forme de fumée. Au Vésuve, ces vapeurs paraissent se composer d'acide carbonique, d'eau, d'acide chlorhydrique et de sel marin. On a souvent indiqué de l'hydrogène sulfuré, mais on s'est assuré, par des essais réitérés, qu'il ne se dégageait pas de soufre. L'odeur piquante de l'acide chlorhydrique le rend très-reconnaissable; en outre, les parties où les fumerolles se dégagent sont toujours couvertes de croûtes blanches de sel marin et d'efflorescences d'un jaune clair, que l'on prend assez généralement pour du soufre, et qui sont dues à un sous-chlorure de fer. A mesure que la lave se solidifie, les fumerolles s'éteignent, leur présence est une indication certaine de l'épaisseur de la coulée; tant que la lave afflue, elles brûlent sur toute la longueur du courant de laves.

« Lorsque je montai au Vésuve, continue Constant Prévost, au mois de mars de 1832, son cratère, qui, quelques années auparavant, avait plus de 700 pieds de profondeur, était rempli jusqu'à ses bords de laves et de cendres, dont l'accumulation avait formé une vaste plaine à surface ondulée et tourmentée comme est celle d'un fleuve couvert de glaces arrêtées; presque au centre de cette plaine, aussi étendue que notre Champ de Mars, s'élevait un monticule de cendres et de scories formé principalement par les éruptions des mois de janvier et février précédents, et qui avait, lorsque je le vis, 60 pieds au moins au-dessus du fond du cratère. C'est sur les bords de ce monticule récent que je me plaçai pour voir la lave incandescente qui s'élevait dans sa partie centrale et montait à 40 pieds au moins dans la cheminée ou canal artificiel que les éruptions venaient de construire et continuaient à exhausser. Après chaque projection de cendres et de pierres qui se renouvelait de 5 à 7 et 8 minutes plus ou moins, la lave paraissait d'un rouge blanc; sa surface, légèrement agitée, s'élevait et s'abaissait lentement avec une sorte d'isochronisme; d'abondantes vapeurs d'eau, d'acide sulfureux ou muriatique s'en dégageaient sans cesse; après quelques instants, sa couleur rouge et blanche passait par l'effet du contact de l'air, au rouge plus foncé; une pellicule comparable à celle qui recouvre le lait que l'on fait bouillir se boursouflait; un sifflement se faisait entendre, et bientôt toute la pellicule était projetée avec bruit en fragments plus ou moins volumineux, à 3 ou 400 pieds de haut et au milieu d'un nuage de cendres et de vapeurs; quelques-uns des fragments, dont plusieurs tombèrent à nos pieds, avaient 12 à 15 pouces de diamètre, mais ils étaient tubulaires et formés d'une scorie légère et qui, rouge et molle

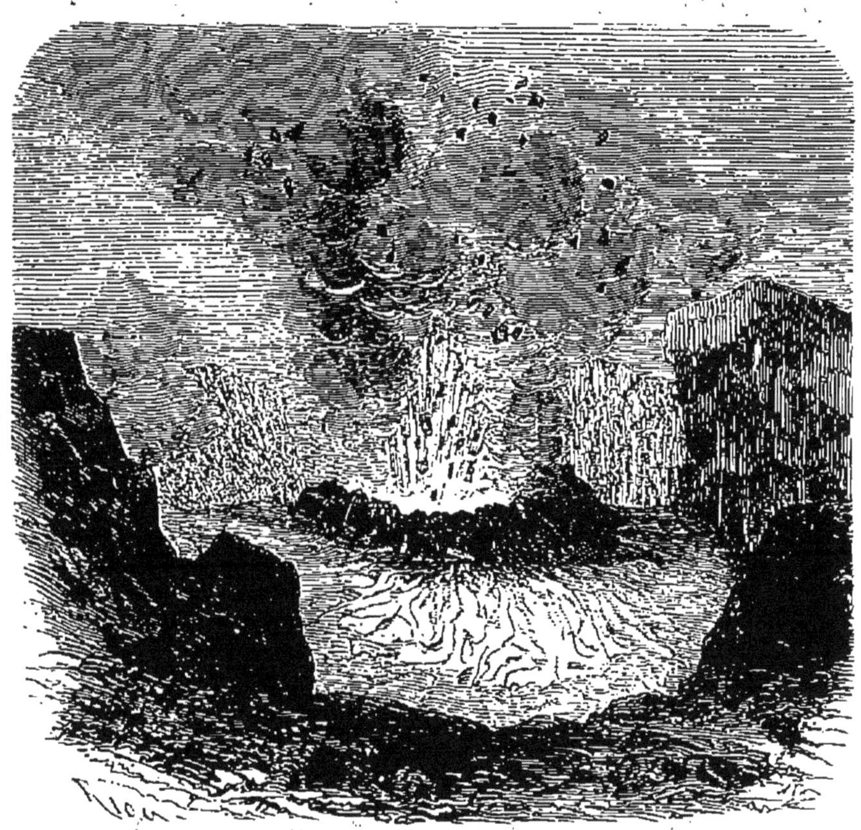

Fig. 41. — Intérieur du cratère du Vésuve en 1829.

lorsqu'elle retombait, soit dans le cratère, soit sur ses bords, pouvait recevoir l'empreinte des corps durs.

« C'est à la répétition de ces actes qu'est due l'espèce de bourrelet toujours croissant qui contient la lave dans une sorte de tube, lequel, s'élevant plus rapidement qu'elle, l'empêche de s'épancher par le sommet du cône et la force à percer les flancs de la montagne qui s'ouvre pour lui donner issue lorsque quelques points des parois ne peuvent plus résister à la pression toujours croissante de la colonne liquide et incandescente qui s'allonge. »

Ile Julia. — Cette île fournit un des exemples les mieux étudiés de la formation des volcans sous-marins.

« Le fond de la mer, dit Constant Prévost, à travers lequel s'est ouvert le nouveau volcan, avait été, depuis plusieurs siècles, violemment agité en même temps que la côte méridionale de la Sicile, et que le sol de la Pantellerie, et cela, souvent, lorsque les autres foyers d'agitation de cette première île, c'est-à-dire sa partie orientale ou Etnéenne et sa partie septentrionale ou Éolienne, restaient en repos.

« L'île Julia n'est pas élevée sur un haut fond ni sur un banc, ainsi qu'on l'avait annoncé, mais bien plutôt au pied d'un escarpement sous-marin qui termine, du côté oriental, le large banc de l'*Aventure*, dont l'étendue de plus de 20 lieues dans tous les sens présente une surface ondulée mais horizontale d'une manière générale, qui n'est recouverte que de 26 à 40 brasses d'eau au plus et dans beaucoup d'endroits de 7 à 8 seulement, tandis que la sonde indique plus de 100 brasses de profondeur dans la partie du canal qui est entre le port de Sciacca et la Pantellerie.

« Lors de la nouvelle manifestation des phénomènes en 1831, des tremblements de terre nombreux et prolongés qui furent ressentis sur plus de 40 lieues le long des côtes de la Sicile, de Terra-Nova à Marsala. et dans le même temps à la Pantellerie, et même à Palerme, précédèrent l'apparition des premiers indices qui se manifestèrent à la surface de la mer par un léger bouillonnement apparent des eaux.

« Ces secousses du sol, tantôt oscillatoires, et le plus souvent dirigées du S. O. au N. E., furent accompagnées souvent de bruits très-forts, comparés par les habitants à de longues canonnades entendues de loin et qui durèrent quelquefois pendant plus d'un demi-quart d'heure.

« Plusieurs jours avant les premières éruptions, la surface de la mer paraissait bouillonnante et les eaux étaient troubles; elle fut couverte de poissons morts, ou seulement engourdis, dont on recueillit un grand nombre sur les rivages de Sicile, et à plus de 8 ou 10 lieues du point où allaient paraître les éruptions.

« Celles-ci commencèrent d'abord par des vapeurs légères qui, augmentant peu à peu, donnèrent lieu à une colonne constante blanche et floconneuse, d'une hauteur de 1500 à 2000 pieds, sur 60 à 100 pieds de largeur. Ces vapeurs s'élevèrent d'abord seules; puis elles furent bientôt mêlées de cendres et de pierres, et d'autres vapeurs roussâtres et fuligineuses. La colonne de cendres et de pierres, dont l'ascension était intermittente, et qui paraissait noire pendant le jour et incandescente à son centre pendant la nuit, fut remarquée longtemps avant qu'aucun massif solide parût à sa base.

« L'apparition de l'île fut successive : un, puis plusieurs pitons parurent isolément et se réunirent pour former, autour du centre d'éruption, un bourrelet de matières meubles, dont la forme changea continuellement, et qui, d'abord au niveau des eaux, s'éleva graduellement jusqu'à 200 pieds au moins, laissant dans les premiers moments le cratère en communication avec la mer, tantôt du côté du N., tantôt du côté du S. E., selon l'effet des vents ou celui des vagues qui contribuaient au transport et à l'entraînement des matières rejetées.

« La température apparente des eaux contenues dans le cratère, et celle de la mer qui baignait la plage S., était produite par l'ascension continuelle de gaz ou de vapeurs brûlantes qui venaient d'une certaine profondeur, et qui, en s'échappant dans l'air, donnaient à la surface des eaux l'apparence d'un bouillonnement.

« Non-seulement les éruptions furent intermittentes, quoique aucune régularité n'ait été observée à cet égard, mais encore des périodes d'activité furent séparées par des intervalles de repos plus ou moins longs; puisque, par exemple, le 2 août, le capitaine Senhause put débarquer dans l'île et monter jusqu'à son sommet, tandis que, les 11 et 12 du même mois, le professeur Gemmellaro

Fig. 42. — L'île Julia, volcan sous-marin, le 29 septembre 1831.

fut témoin de nombreuses éruptions qui l'empêchèrent d'approcher; puisque, après environ un mois de repos, la même alternative se renouvela presque en notre présence, et fut signalée encore beaucoup plus tard, lors de la disparition de l'île.

« Enfin cette disparition fut lente, successive, comme avait été l'apparition, et elle fut produite, ainsi que l'abaissement du sol redevenu sous-marin, en grande partie évidemment, par l'action des vagues, qui, après avoir favorisé l'éboulement des cendres, scories et fragments incohérents dont l'île était composée, entraînèrent ces matériaux meubles; probablement aussi que les secousses qui ont été ressenties depuis que les éruptions avaient cessé, ont contribué à la transformation de l'île Julia, en un banc couvert de 9 à 10 pieds d'eau seulement dans quelques parties, et dont la forme n'a plus rien qui indique son origine : dernière observation importante à consigner pour faire comprendre la difficulté de retrouver les anciens foyers d'éruption dans les formations volcaniques, sous-marines, aujourd'hui émergées. »

CHAPITRE VIII.

ÉMANATIONS GAZEUSES, SALSES, ETC.

Soffioni et lagoni. — « Ce sont, dit M. Coquand, des montagnes crevassées laissant échapper, avec un sifflement particulier, des masses énormes de vapeurs qui embrument l'atmosphère et s'élancent en colonnes torses jusqu'à la hauteur de 30 à 40 mètres ; le terrain brûlant sous vos pieds et menaçant de vous engloutir ; l'eau des lagoni bouillonnant avec fureur dans les bassins qui les retiennent et s'épanouissant en gerbes comme des geysers. Les lagoni de la Toscane n'ont d'analogues dans aucune partie du monde connu : ils constituent des volcans d'une classe spéciale, d'une prodigieuse activité. Les plus remarquables, par leur intensité, sont ceux de Monte-Cerboli, de Castel-Nuovo, dans la vallée de Cecina, et d'autres dans la vallée de la Cornia.

« Les lagoni, pris dans un sens géologique, peuvent être définis : émission violente de vapeurs chaudes chargées d'hydrogène sulfuré à travers les fissures du sol. Le *lagoni* est, à proprement parler, la dépression naturelle du sol ordinairement remplie d'eau, de laquelle s'élancent des vapeurs brûlantes ; les *bulicami* indiquent le bouillonnement de l'eau dans les lagoni, et les *fumacchi* ou *soffioni* représentent les soufflards, les fumerolles et les jets de vapeurs qui s'échappent des crevasses du terrain dans toutes les directions, sans passer par les lagoni, en produisant un sifflement analogue à celui d'une machine soufflante de haut fourneau.

« Les eaux ne contiennent, au moment de leur sortie de la terre, qu'une quantité insignifiante d'acide borique en dissolution. Dans leur passage à travers six ou huit lacs, elles se chargent d'un demi pour cent d'acide borique.

« La violence avec laquelle s'échappent les vapeurs brûlantes donne lieu à de véritables explosions boueuses, lorsqu'on a asséché un lac pour en verser les eaux dans un autre lac. La boue est alors projetée comme le seraient des matières solides rejetées par des volcans, et il surgit du fond du lac une foule de petits cônes d'éruption dont l'activité et le jeu rappellent, sous une autre forme, les *hornitos* du Mexique. Leur température varie de 120 à 145 degrés centigrades, et les nuages qu'elles poussent au-dessus des lagoni constituent de vrais baromètres naturels, dont la plus ou moins grande intensité trompe rarement les prédictions qu'elles annoncent.

Moffettes. — « La phase dernière de l'activité volcanique, dit M. Louis Figuier, c'est un dégagement d'acide carbonique sans élévation de température. Dans les lieux où se manifestent ces émanations continues de gaz acide carbonique, on reconnaît l'existence d'anciens volcans dont les dégagements sont le phénomène terminal. C'est ce que l'on observe de la façon la plus remarquable en Auvergne, où existent une multitude de sources acidules, c'est-à-dire chargées d'acide carbonique.

« La grotte du Chien, dit le docteur James, est située à Pouzzoles, sur le penchant d'une montagne extrêmement fertile, en face et à peu de distance du lac d'Agnano. L'entrée en est fermée par une porte dont le gardien a la clef. La grotte a l'apparence d'un petit cabanon dont les parois et la voûte seraient grossièrement taillées dans le rocher. Sa largeur est d'environ 1 mètre, sa profondeur de 3 mètres, sa hauteur de 1 mètre 1/2. Il serait difficile de juger, par son aspect, si elle est l'œuvre de l'homme ou de la nature. L'aire de la grotte est terreuse, noire et brûlante. De petites bulles sourdent dans quelques points de la surface, crèvent et laissent échapper un fluide aériforme qui se réunit en un nuage blanchâtre au-dessus du sol. Ce nuage est formé de gaz acide carbonique mélangé avec un peu de vapeur d'eau.

« La couche de gaz a une hauteur de 20 à 60 centimètres; elle représente un plan incliné dont la plus grande hauteur correspond à la partie la plus profonde de la grotte.

« Voici l'expérience que le gardien montre aux visiteurs. Il a un chien dont il lie les pattes pour l'empêcher de fuir et qu'il dépose ensuite au milieu de la grotte. L'animal manifeste une vive anxiété, se débat et paraît bientôt expirant. Son maître l'emporte hors de la grotte et l'expose au grand air en le débarrassant de ses liens. Peu à peu, l'animal revient à la vie; puis tout à coup il se lève et se sauve rapidement comme s'il redoutait une seconde séance. Il y a plus de trois ans que le chien que j'ai vu fait le service, et qu'il est ainsi asphyxié et désasphyxié plusieurs fois par jour. Sa santé générale est excellente, et il paraît se trouver à merveille de ce régime. »

Grisou. — « Les émanations de ce gaz, qui sont les plus communes et les plus remarquables, sont ordinairement désignées par les noms de *fontaines ardentes* ou de *terrains ardents*, parce que le grisou qui sort de terre, s'enflammant par des causes accidentelles, continue à brûler, comme celui qui s'échappe de nos appareils pour l'éclairage. Ces émanations se remarquent le plus communément dans le voisinage des salses : telles sont celles de Pietra-Mala, dans les Apennins de la Toscane, et celles du temple des Guèbres, près de Bakou, sur les bords de la mer Caspienne, où les restes des disciples de Zoroastre viennent encore adorer l'objet de leur culte et où l'on tire parti de ces feux naturels pour préparer les aliments et faire de la chaux.

« Il se dégage aussi du grisou dans des lieux où rien n'annonce, comme dans les volcans, les salses et les fontaines ardentes, une communication avec le siége des grands phénomènes géologiques; tel est celui qui se rencontre souvent dans les mines de houille et dont l'inflammation accidentelle cause quelquefois de si grands désastres. L'origine de ce gaz n'est pas connue; les uns croient qu'il se trouve enfermé dans la houille; d'autres, qu'il est le résultat de décompositions qui se passent dans cette dernière lorsqu'elle est mise en contact avec l'air extérieur. »

Solfatares. — « Les émanations gazeuses qui déposent du soufre, dit M. d'Omalius, sont ordinairement désignées sous ce nom; elles ont le plus souvent lieu dans les volcans éteints, ou plutôt à peu près éteints, puisque le dégagement du gaz est encore un reste d'activité. Telle est la solfatare de Pouzzoles, près de Naples. Ces émanations contiennent toujours une grande quantité de vapeur d'eau, et on ne sait pas très-bien dans quel état s'y trouve le soufre; il paraît néanmoins qu'il y est, soit à l'état simple, soit à celui d'acide sulfhydrique, et que l'acide sulfureux que l'on y remarque provient de la combustion au jour, tant de la vapeur du soufre que de l'acide sulfhydrique. »

Geysers. — A côté des volcans, des sources chaudes et des solfatares donnant issue à la chaleur souterraine, l'un des phénomènes les plus curieux est celui des volcans d'eau bouillante d'Islande, parmi lesquels il faut citer surtout le *grand Geyser* et le *Strokur*.

« On y voit, dit M. d'Omalius, une multitude de petits monticules de terre diversement colorée, d'où il sort de fortes sources d'eau chaude chargées de beaucoup de silice. La principale de ces fontaines, qui porte particulièrement le nom de *Geyser*, se trouve sur un monticule de 2 à 3 mètres de haut, composé de matières siliceuses, et qui présente, à sa partie supérieure, un bassin circulaire, rempli ordinairement d'eau très-limpide, d'une température presque égale à celle de l'eau bouillante et d'où il s'élève, de temps en temps, des jets d'eau qui s'é-

Fig. 43. — Le grand Geyser d'Islande.

lancent quelquefois avec une telle rapidité qu'ils atteignent une élévation de 30 mètres, et peut-être de 100 d'après d'anciens rapports. »

Salses. — Monticules coniques donnant issue par une sorte de cratère à des gaz, à de l'eau salée et à des matières bitumineuses.

« Le versant septentrional des Apennins, dit M. d'Omalius, présente plusieurs phénomènes de ce genre qui ont été étudiés avec soin. L'un des plus remarquables est la salse de Sassuolo, dans le Modénais. On n'y voit, dans les temps ordinaires, qu'une source sortant d'une marne argileuse imprégnée d'un peu de sel marin et de pétrole. Quelquefois cette argile forme un petit cône par le cratère duquel l'eau s'écoule; d'autres fois, celle-ci sort par un simple trou comme dans les fontaines ordinaires; mais cette source a de véritables moments d'éruption, et alors elle lance des jets d'eau, de la boue, du grisou et même des pierres considérables.

« Une des localités où ces phénomènes sont le mieux prononcés, est Turbaco, près de Carthagène, dans la Nouvelle-Grenade, où Alexandre de Humboldt a observé une vingtaine de petits cônes de 7 à 8 mètres de haut, formés d'une marne argileuse d'un gris noirâtre et portant à leur sommet une ouverture remplie d'eau. Il se fait par ces sommets, à de certains intervalles, un dégagement de gaz, précédé d'un bruit assez fort, mais sourd. Alexandre de Humboldt considère ce gaz comme étant de l'azote. Ces explosions sont quelquefois accompagnées d'une éjaculation de boue qui s'épanche sur les parois des cônes. »

Sources de pétrole, etc. — « En Europe, dit M. Noguès, c'est du pétrole américain qu'on fait la plus grande consommation. L'exploitation de cette huile minérale n'a commencé qu'en 1853; c'est le docteur Brewer qui a eu l'idée de l'appliquer à l'éclairage. Plusieurs centaines de puits importants sont actuellement en exploitation, tant en Pensylvanie qu'au Canada. Ils sont creusés jusqu'à une profondeur de 10 à 20 mètres; souvent le sondeur rencontre une huile superficielle avant d'atteindre la roche, mais elle est de qualité inférieure et d'un rendement irrégulier. Ces puits ont un diamètre de 1^m,20 à 2^m,10 et reçoivent un cuvelage jusqu'à la rencontre de la

Fig. 44. — Salses de Turbaco (Nouvelle-Grenade).

roche, qu'on perfore à environ 12 à 20 mètres de profondeur, limites entre lesquelles on a de grandes chances de rencontrer l'huile. Un homme, payé à raison de 5 francs par jour, peut pomper facilement 180 hectolitres d'huile; mais le rendement moyen par jour et par homme est de

40 à 50 hectolitres. Il faut remarquer que tous les puits creusés ne fournissent pas de l'huile; le nombre de ceux qui sont productifs ne s'élève pas à plus de 15 pour 100 du nombre total. Depuis 1861, la production a toujours été en augmentant; aujourd'hui les évaluations les plus modestes la fixent à 570 000 hectolitres par semaine. Les huiles de pétrole du Canada sont inférieures à celles des États-Unis; elles sont plus désagréablement odorantes et répandent une odeur infecte. »

A Trinidad, le lac de Brée ou de bitume a 4828 mètres de circonférence. Sa forme est une ellipse imparfaite, et son élévation est de 43m,8 au-dessus de mer, où s'écoulent ses eaux à un mille de distance. La consistance du bitume qu'il renferme varie depuis une solidité telle que d'énormes chariots chargés et traînés par des bœufs passent dessus sans y enfoncer, jusqu'à une extrême fluidité, qui est l'état auquel il est rejeté constamment par l'orifice situé au milieu du lac. L'eau de ce dernier n'a pas une température plus élevée que celle de l'air; sa surface, dans les parties solides, se crevasse et se fendille comme celle d'un glacier, et l'eau circule dans les fentes, puis s'écoule vers la mer par deux ravins principaux. Souvent aussi des excavations naturelles ou artificielles se comblent par suite de la tendance de l'asphalte à se niveler. Une excavation, d'où l'on avait retiré 2 millions de kilogrammes de substance bitumineuse, a repris, peu de mois après, le niveau général du lac.

« L'origine des sources de pétrole, dit M. d'Omalius d'Halloy, a été, comme celle des salses et des fontaines ardentes, attribuée à des décompositions de matières organiques enfouies dans l'écorce du globe; mais nous ne croyons pas que de semblables phénomènes puissent donner lieu à des sources qui continuent à couler d'une manière constante depuis des milliers d'années. On a aussi pensé que le pétrole existait au moment où les roches ont été formées et qu'il a été renfermé dans ces dernières. Cette opinion s'appuie sur les immenses quantités de pétrole que l'on extrait depuis quelques années par des puits qui s'épuisent au bout d'un certain temps ; mais il nous semble que, si le pétrole avait existé lors de la formation des roches, celui qui ne se serait pas combiné avec celle-ci se serait, à cause de sa légèreté, élevé au-dessus des eaux dans lesquelles les roches se formaient. Il nous paraît donc beaucoup plus simple d'attribuer l'origine des bitumes à la même cause qui produit les phénomènes ignés en général. Cette manière de voir, si conforme à la simplicité des opérations naturelles, a en outre l'avantage d'expliquer pourquoi le pétrole accompagne souvent les salses et les fontaines ardentes. Il est à remarquer d'ailleurs que M. Berthelot a démontré comment les réactions chimiques des matières qui se trouvent dans l'intérieur de la terre peuvent produire des carbures hydrogénés, et l'on sait que beaucoup de gaz sont susceptibles de se transformer en liquide par le refroidissement. »

Fabrication du gaz d'éclairage. — La houille traitée en vase clos à une chaleur rouge se décompose et donne naissance à de l'hydrogène bicarboné, de l'hydrogène pur, de l'oxyde de carbone, de l'acide carbonique, de l'acide sulfhydrique, des sels ammoniacaux, parmi lesquels on doit signaler le carbonate, le sulfhydrate, le chlorhydrate, le cyanhydrate, le sulfocyanure, etc. ; du goudron, des huiles empyreumatiques, de l'eau ; toutes ces substances sont volatiles à la température rouge et se dégagent par l'ouverture dont est muni le vase distillatoire, dans l'intérieur duquel reste un produit solide nommé *coke*. — Plus la température de distillation est élevée, plus il se forme de gaz et moins de goudron et d'huile essentielle. Il ne faut pas cependant dépasser une certaine limite, car l'hydrogène bicarboné pourrait être décomposé et devenir par cela même moins éclairant; il ne faut pas dépasser le rouge cerise vif au rouge blanc. Suivant qu'on chauffe plus ou moins, le rendement de la houille en gaz, en goudron et en volume de coke varie d'une manière très-sensible : ainsi le même charbon fournira par 100 kil., ici 3 à 3 kil. 5

de goudron et 27 à 28 mètres cubes de gaz ; là, il produira 4 à 5 kil. de goudron et 22 mètres cubes de gaz.

Il y a certainement une grande analogie entre les produits de la distillation de la houille et ceux des sources gazeuses et pétroléennes ; mais M. Reichenbach ayant reconnu que chaque quintal de houille donnait au plus deux onces d'huile, il n'aurait pas fallu moins de 174 000 000 de quintaux de houille pour produire la masse de pétrole recueillie à Zante depuis Hérodote, c'est-à-dire pendant plus de 2300 ans. Si l'on ajoute que ces sources existaient bien avant Hérodote, qu'elles sont loin de paraître épuisées, que la quantité de pétrole recueillie est également loin de correspondre à la quantité qui est produite, ces sources n'étant probablement qu'un point fourni à son écoulement, il est facile de voir que toutes les mines de houille de l'Angleterre réunies n'auraient pu suffire à alimenter par leur distillation lente les seules sources de Zante ; cependant elles ne sont pas à beaucoup près les plus abondantes, et l'Albanie, la Valachie, les environs de Bakou, la Perse, etc., en fournissent des quantités tellement considérables, que toutes les masses houillères du globe ne fourniraient pas un cube capable d'alimenter les mines de chacune de ces provinces en particulier.

CHAPITRE IX.

CRISTALLISATION, FILONS, ET GITES MÉTALLIFÈRES.

Cristallisation artificielle. — « L'observation et l'expérience, dit M. Leymerie, prouvent que, dans toutes les circonstances où les molécules d'un corps sont mises en contact, étant libres de se mouvoir et de se tourner sans être gênées ou troublées par aucune circonstance étrangère, elles se portent les unes vers les autres et s'agglomèrent de manière à produire des molécules cristallines qui elles-mêmes, par leur agrégation, donnent naissance à un cristal. C'est la *cristallisation*.

« Il y a deux manières de rendre libres et mobiles les particules d'un corps et de les placer par conséquent dans les conditions indispensables pour que la cristallisation puisse avoir son effet : 1° *la voie humide*, par solution et évaporation ; ce mode n'est guère applicable qu'aux sels ; 2° *la voie sèche*, qui exige l'emploi d'une chaleur plus ou moins intense, et comprend trois moyens : *a*, par fusion et refroidissement simple ; *b*, par l'intermédiaire des fondants ; *c*, par sublimation directe, indirecte ou par transport.

Cristallisation naturelle. « Les émanations volcaniques et les sources minérales donnent naissance à différents dépôts. Les vapeurs dégagées par les volcans engendrent les solfatares où se trouvent, avec le *soufre*, des chlorures alcalins et métalliques, de l'hydrochlorate d'ammoniaque, du gypse, et d'autres sulfates, etc. Les sources minérales douées de la puissance chimique la moins énergique produisent des dépôts calcaires et ferrugineux. D'autres, chargées de principes plus actifs, produisent des dépôts siliceux ou des dépôts complexes contenant un grand nombre de substances, telles que la *baryte*, la *strontiane*, l'*acide borique*, l'*arsenic*, le *phosphore*, le *soufre*, le *fluor*.

« Le plus souvent, nous ne voyons que la partie de ces dépôts qui se forme à l'extérieur. Cependant nous pouvons observer aussi les stalactites et les stalagmites auxquelles certaines sources donnent naissance dans différentes grottes et les incrustations que certaines eaux produisent dans les tuyaux de conduite. Il est indubitable que si nous pouvions pénétrer dans les conduits suivis par les sources minérales et par les émanations volcaniques, nous les verrions fréquemment incrustés de dépôts analogues. Or, ces incrustations auraient nécessairement la plus grande ressemblance, tant pour la composition que pour la forme, avec les filons métalliques ordinaires tels que ceux où le soufre, l'arsenic, le quartz, la baryte sulfatée, la chaux carbonatée jouent un rôle important. »

Filons. — « Tout le monde, dit M. Élie de Beaumont, sait que les filons sont des fentes remplies après coup; mais on doit distinguer deux classes entièrement différentes de filons : les uns sont formés par des matières concrétionnées, appliquées dans les fentes sur les deux parois. Ces substances sont principalement des matières pierreuses ou *gangues*, telles que le quartz, la baryte sulfatée, la chaux carbonatée, souvent le spath-fluor et différents minerais métalliques, tels que la galène, les pyrites, etc. Une autre classe de filons est formée de roches, telles que les basaltes, les mélaphyres, les porphyres, qui se sont introduites aussi dans les fentes. Mais il y a cette différence entre les deux classes de filons, que les premiers sont formés de bandes symétriquement disposées, en général formées de cristaux tournant leur pointe vers l'intérieur de la fente originaire dont le milieu présente souvent un vide tapissé de cristaux libres, tandis que les filons formés de roches telles que le basalte et le porphyre remplissent entièrement les cavités dans lesquelles ils se trouvent, et ne présentent la disposition en bandes symétriques que d'une manière extrêmement peu distincte, résultant simplement de ce que les parties moins cristallines des parois se distinguent légèrement des parties plus cristallines du centre,

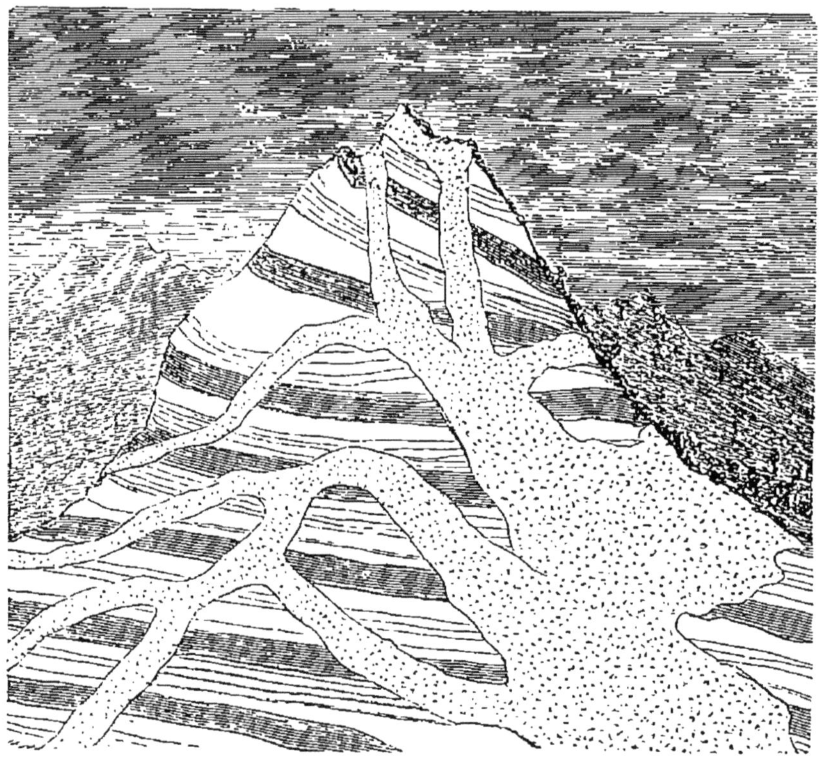

Fig. 45. — Gneiss avec filons de granit du cap Wrath (Écosse).

avec lesquelles elles font continuité. — Les filons de cette dernière espèce peuvent être désignés, d'après leur mode de formation bien connu, sous le nom de *filons injectés*. Ils se distinguent généralement des filons de la première classe, composés de bandes symétriques, qu'on peut désigner sous le nom de *filons concrétionnés*. — La plupart des filons métalliques appartiennent à la classe des *filons concrétionnés*; cependant les filons injectés et les masses de formes moins régulières que constituent très-souvent les roches éruptives sont quelquefois métallifères. »

La figure 2 (p. 15) représente une roche stratifiée sédimentaire, un schiste, contenant deux *filons concrétionnés* métallifères. La figure 45 ci-contre montre une roche stratifiée cristalline, un gneiss, traversée par des filons injectés de granite.

« Cependant, certaines substances pierreuses sont susceptibles d'être volatilisées par la chaleur des volcans, ou entraînées à l'état moléculaire par des courants gazeux. On cite des cristaux de pyroxène qui ont été sublimés sur la surface d'un mur au contact des laves du Vésuve, qui ont couvert Torre del Greco, en 1794. On sait aussi que les cristaux de feldspath, trouvés dans un fourneau à Sangershausen, en Saxe, avaient cristallisé dans des fissures où leurs éléments devaient avoir été entraînés par les courants gazeux du fourneau. Mais il ne paraît pas que les matières pierreuses aient pu être entraînées de cette manière à une aussi grande distance que les métaux l'ont été par les minéralisateurs. »

Mines de sel gemme. — « Le sel gemme, dit M. Burat, n'appartient exclusivement à aucun terrain et se rencontre dans presque tous les terrains stratifiés secondaires et tertiaires.

« Ainsi, certaines masses de sel exploitées en Allemagne se trouvent dans les couches calcaires du zechstein et dans le muschelkalk. Dans l'est de la France, les sels gemmes de Dieuze et de Vic (Meurthe), et tous ceux qui existent entre les Vosges et le Jura appartiennent, à l'exclusion de tout autre terrain, à la formation des marnes irisées ou keuper; les couches de Nortwich, en Angleterre, sont au-dessus des grès bigarrés. Le sel exploité à Bex (canton de Vaud) est enclavé dans le lias. Dans les Alpes autrichiennes et les Carpathes, les masses de sel sont concentrées entre l'oolithe supérieure et le grès vert. La plupart des amas de gypse et de soufre de la Pologne sont dans la craie; les célèbres mines de Wieliczka sont même dans le terrain tertiaire. En Catalogne et dans toute la région *pyrénéenne*, ce sont aussi des couches qui appartiennent tantôt à la craie, tantôt au terrain tertiaire, qui renferment les masses de sel ou les sources salées.

« Ainsi les phénomènes géologiques qui ont intercalé le sel et les amas de gypse qui l'accompagnent dans les dépôts sédimentaires, appartiennent aux deux périodes secondaire et tertiaire ; mais, dans chacun des grands bassins géologiques, la période de production est concentrée dans une zone de terrain fixe et peu étendue ; de telle sorte que l'on peut y assigner, à ces deux substances, une position géologique parfaitement déterminée.... En voyant la conformité des marnes bariolées, dont la couleur rouge est souvent frappante, et des calcaires dolomitiques qui les accompagnent, on serait tenté de croire que ces divers gîtes doivent nécessairement appartenir au même terrain. Lorsqu'au contraire il est démontré que ces terrains sont très-différents, on ne peut plus attribuer la concordance et l'identité de tous ces caractères qu'aux phénomènes générateurs qui ont déterminé la formation du gypse et du sel gemme.

« Les couches de sel gemme n'ont pas une constance et une continuité telles qu'on puisse les rechercher dans toute une formation et suivant la direction des couches sédimentaires. Leur mode de gisement mérite la *dénomination de couche* aussi bien que la plupart des couches de houille, qui ne présentent pas plus de régularité. Ce sont aussi des dépôts contemporains des terrains qui les enclavent.

« Bien que l'origine du sel gemme ne soit pas facile à expliquer, surtout pour des gîtes qui ont 100 et 150 mètres de puissance, on ne peut l'attribuer qu'à des eaux marines isolées ayant subi une évaporation plus ou moins prolongée. On conçoit, en effet, que, à la suite de cataclysmes, quelques parties des eaux de la mer aient pu être séparées ou jetées dans les dépressions ne recevant aucun cours d'eau douce ; en sorte qu'avec le temps, et sous l'influence d'une température élevée, ces eaux salées, en se réduisant, auraient donné lieu aux phénomènes qui se manifestent dans nos marais salins.

« Le gisement en amas, bien que dans tous les cas ces amas soient couchés dans le sens de la stratification et même divisés par des lignes qui semblent quelquefois concorder avec elle, éveille des idées d'une origine toute différente de la sédimentation qui paraît convenir au premier cas. En effet, à l'approche de ces amas, la stratification s'incline en tous sens, et le gîte semble dû à une dilatation postérieure survenue en un point du dépôt, dilatation dont le résultat aurait été l'intercalation d'une puissante masse amygdaline de gypse et de sel gemme. »

Terrains ferrugineux. — « Le fer, dit M. Burat, est le métal par excellence, et constitue à lui seul la plus grande partie de la valeur créée par l'exploitation, du moins dans les États européens. L'Angleterre produit en fonte et fer une valeur de 400 millions, tandis que les autres métaux figurent à peine pour 50. L'Allemagne du Nord, qui est le pays des grands travaux de mines, produit 42 millions de fer et fonte, c'est-à-dire 80 pour 100 de la valeur totale créée par ses exploitations. Enfin, la France doit 150 millions à ses usines à fer, et tire à peine quelques millions de ses autres mines. Telle mine de fer est beaucoup plus précieuse que beaucoup de mines de plomb, de cuivre ou d'argent. La Suède est la terre classique des bons fers pour la fabrication de l'acier ; il s'en exporte des masses considérables pour la France et même pour l'Angleterre ; c'est à la nature de ses minerais oxydulés que ce pays doit sa supériorité. La France, enfin, doit son indépendance industrielle à ses minerais dits d'alluvion, répandus en Champagne, en Comté, dans le Berry, etc.

« Les *minerais de fer* appartiennent à trois positions géologiques très-distinctes, que l'industrie a depuis longtemps désignées par les dénominations de *minerai de montagne*, *mine en roche* et *minerai d'alluvion*. D'après les différences que présentent ces positions géologiques, on voit que les minerais d'alluvion et les mines en roche font partie des terrains sédimentaires. Les minerais de montagne ne sont pas stratifiés et font partie de gîtes particuliers.

« Les *minerais de montagne* sont concentrés dans les terrains de transition, et presque tous les minerais des Pyrénées, ceux des Hautes-Alpes (Dauphiné) et de la partie centrale des Vosges, appartiennent à cette catégorie.

« L'île d'Elbe a été célèbre de tout temps par ses mines de fer; les gîtes de minerai sont tous concentrés avec les serpentines dans la partie orientale. L'amas de fer oligiste et de peroxyde exploité près de Rio est compris entre des couches schisteuses relevées. La nature essentiellement cristalline de ce gîte, son enchevêtrement dans les diverses couches du terrain encaissant, éveillent l'idée de sublimations métallifères prolongées à travers ces couches; l'étude des détails démontre d'ailleurs que ces sublimations ont eu lieu sous l'influence d'une chaleur et d'une pression considérables. En effet, les gangues varient avec les roches en contact: elles sont de quartz cristallin dans les schistes quartzeux; dans les couches calcaires elles sont d'amphibole actinote et d'yénite. Les roches encaissantes elles-mêmes ont donc évidemment fourni une partie des éléments qui forment ces gangues; or ces déplacements moléculaires, l'état cristallin des couches constituent un ensemble de phénomènes qui n'a pu se produire que sous une influence ignée très-énergique.

« Les *minerais stratifiés en roche* sont lithoïdes et ne renferment qu'accidentellement quelques druses ou concrétions cristallines. Ils sont stratifiés et contemporains des diverses formations dans lesquelles ils se trouvent en couches réglées, et dont ils contiennent même les fossiles dans un grand nombre de cas. Ils comprennent les sidéroses lithoïdes, les oxydes rouges, les hydroxydes compactes, terreux, oolithiques, déposés en couches et disséminés dans la série géognostique, depuis les strates de transition jusqu'au terrain tertiaire. Le caractère industriel des minerais en roche est d'être employés directement dans les forges, sans autre préparation qu'un triage plus ou moins complet; leur caractère de position est d'être stratifiés avec les terrains sédimentaires et d'être exploités, soit à ciel ouvert sur les versants où ils affleurent, soit par puits et galeries qui traversent les terrains encaissants.

« Les *minerais d'alluvion* sont, au contraire, des minerais superficiels, à peine recouverts par quelques dépôts limoneux, et disséminés le plus souvent dans des couches marneuses dont ils sont extraits par lavage. Cette position superficielle leur a fait donner le nom d'alluvions, quoique une grande partie d'entre eux paraisse remonter à la période tertiaire, quelquefois même au delà; mais cette position les caractérise d'une manière si générale, que la distinction de leur âge véritable est le plus souvent sans importance. Ils consistent en hydroxydes (limonites) pisolithiques ou oolithiques, soit en rognons, en géodes, plaquettes, fragments irréguliers disséminés ordinairement dans des couches marneuses ou sableuses et constituant des gîtes superficiels. Ces minerais ne sont généralement employés qu'après des débourbages et des lavages qui les isolent des matières marneuses dans lesquelles ils sont répandus.

CHAPITRE X.

FORME DE LA TERRE.

Agglomération globuleuse de la matière. — Les molécules de matière qui s'agglomèrent dans un espace ou dans un milieu, où elles ont toute liberté de déplacement, ont une tendance bien connue à produire des corps sphériques lorsqu'il n'y a pas de véritable cristallisation. Les diverses molécules semblent se coordonner régulièrement autour de l'une d'elles, qui devient ainsi comme un centre d'attraction.

Lorsque l'agglomération se fait dans un liquide et qu'il y a solidification au fur et à mesure de sa production, la structure globulaire est facile à constater : c'est celle que montrent les oolithes et pisolithes, soit calcaires, soit ferrugineuses.

Lorsqu'elle se fait dans un gaz, s'il y a solidification pendant la chute du corps produit, on peut encore constater facilement sa forme globulaire ; c'est ce qui a lieu notamment pour la grêle. « Les grêlons les plus petits, dit Kæmtz, sont désignés sous le nom de *grésil.* Ordinairement sphériques, ou presque sphériques, ils atteignent rarement un diamètre de 2 millimètres ; cependant ils peuvent en avoir 3 et même 4. La véritable grêle a ordinairement la forme d'une poire ou d'un champignon terminé par une surface arrondie. Souvent, les grains ressemblent à des pyramides sphériques ou pyramides à trois faces terminées par une base qui est une portion de sphère. Aussi Delcros, Nœggerath et d'autres observateurs pensent-ils que la forme primitive de la grêle est une sphère qui éclate en tombant. »

La fabrication du plomb de chasse donne des résultats également très-caractéristiques. Dans une tour plus ou moins haute, soit provenant de quelque ancienne construction, comme autrefois la tour de Saint-Jacques la Boucherie à Paris; soit construite spécialement, comme à Bordeaux, on place sous le toit l'atelier de fusion, et verticalement au-dessous on établit dans le sol un bassin d'eau froide. On verse le métal fondu dans une sorte de passoire dont les trous sont ménagés de façon que l'écoulement ne se fasse pas trop rapidement; il sort en donnant des gouttelettes allongées d'abord, mais qui changent de forme en cheminant dans l'air. Lorsque la tour est suffisamment haute, elles sont parfaitement rondes et solidifiées, quand elles arrivent dans le bassin où s'achève le refroidissement.

Quand le corps formé reste liquide, la forme ronde se présente également, ainsi qu'on peut le constater facilement en laissant tomber du mercure sur une table et même de l'eau sur une surface poudreuse. Lorsque des suintements d'un liquide, eau, alcool ou huile, se font au-dessous d'une surface horizontale ou inclinée, il n'est pas difficile de voir que la forme des gouttes, d'abord hémisphérique, devient presque sphérique dès qu'elles sont détachées.

Pour les gouttes de pluie ou d'eau produites par les jets d'eau artificiels ou naturels des cascades, la forme n'est pas aussi facile à constater; mais on peut la présumer facilement à l'inspection de la forme hémisphérique plus ou moins aplatie qu'elles possèdent lorsqu'elles sont tombées.

Isolement de la Terre dans l'espace. — L'isolement et les mouvements de la terre dans l'espace ont été, ainsi que sa forme sphérique, tour à tour niés et soutenus par les philosophes. Le premier était deven bien probable dès la découverte de l'Amérique par Christophe Colomb, en 1492 ; il a été démontré par le premier voyage autour du monde exécuté par les ordres de Charles-Quint. En effet, le Portugais Fernando Magalhens (Magellan), parti de San Lucar près Cadix, le 20 septembre 1519, traversa l'océan Atlantique, aborda l'Amérique au commencement de l'année suivante en un point qu'il nomma Rio-Janeiro; par le détroit auquel son nom fut donné, il passa dans l'océan Pacifique, qu'il abandonna aux Philippines où les indigènes le massacrèrent. Son bâtiment, conduit par S. Cano, revint au bout de trois ans à son point de départ par la voie ordinaire de l'Inde, celle du cap de Bonne-Espérance, découvert en 1485 par les frères Dias et doublé en 1497 par Vasco Gama qui, les années suivantes, avait fondé des établissements dans l'Inde. Trois astronomes se chargèrent successivement de reconnaître et de démontrer le double mouvement de rotation et de circulation de la terre : le Prussien Kopernic, en 1543, le Wurtembergeois Kepler, en 1609, et le Florentin Galilée, en 1610.

Forme sphéroïdale de la Terre. — Celle-ci devint aussi bien probable à la suite de ce même voyage pendant lequel, en avançant toujours vers l'O., on avait pu revenir au point de départ. D'ailleurs, sous toutes les latitudes, d'une foule de points des côtes, comme aussi en pleine mer, on avait vu dans toutes les directions les bâtiments qui s'éloignaient de l'observateur disparaître graduellement au-dessous de l'horizon, d'abord par leurs corps, puis par la partie moyenne de leur mâture, et enfin par l'extrémité des mâts, comme le montre la figure ci-contre. Tandis que si la surface des mers eût été plane, le bâtiment aurait disparu tout entier, d'un seul coup, et seulement lorsqu'il aurait été hors de la portée de la vue.

Dans les éclipses de lune aussi, l'ombre de la terre projetée par le soleil sur le disque lunaire possède la forme circulaire; il est alors très-probable que la terre doit ressembler à tous les autres corps célestes, qui nous apparaissent sous la forme d'un disque ou d'une sphère.

Mais des mesures de degrés terrestres commencées en France par Picard, en 1666, avaient amené Cassini, en 1683, à admettre un allongement de la sphère terrestre dans le sens de l'axe des pôles, tandis que Newton en Angleterre soutenait la thèse inverse d'un aplatissement. Sur la demande de l'Académie des sciences, des astronomes furent envoyés, en 1736, pour mesurer des arcs de méridien terrestre : Bouguer et la Condamine dans les régions équatoriales, au Pérou; Maupertuis et Clairaut dans les régions polaires, en Laponie. La justesse de la théorie de Newton fut reconnue; l'aplatissement, fixé à

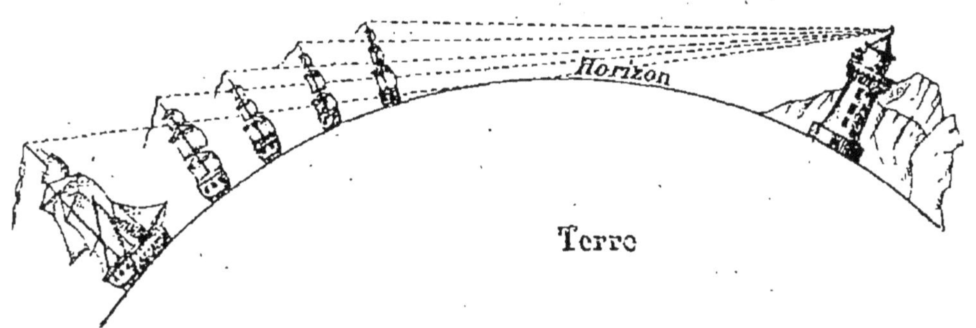

Fig. 46. — Forme sphéroïdale de la terre.

1/300e environ, fut confirmé plus tard par les mesures exécutées dans un grand nombre de contrées.

Depuis, la mesure d'un arc de méridien en France, de Dunkerque à Perpignan et Formentera (îles Baléares), d'abord par Delambre et Méchain et ensuite par Biot et Arago, pour l'établissement des bases du système métrique, et la triangulation par les ingénieurs géographes pour l'établissement de la nouvelle carte de France, ont achevé de démontrer que la Terre est bien un sphéroïde aplati vers les pôles, ou mieux un ellipsoïde de révolution, dont la forme, malgré de légères irrégularités, est bien celle que prendrait une masse de matière liquide ou au moins molle et plastique, dont le volume, la densité et la vitesse de rotation autour de l'axe seraient exactement ceux que possède la Terre.

Fluidité originaire de la Terre. — Les géologues ont été pendant longtemps partagés en deux camps : les *Neptuniens* et les *Plutoniens*, sur la question de savoir si la Terre avait été primitivement fluide par l'action de l'eau ou par celle de la chaleur. D'après ce qui a été exposé, surtout dans le chapitre VI :

1° Que les parties intérieures de la Terre possèdent toujours, en chaque lieu, quelle que soit la latitude, une température supérieure à la température moyenne de la surface ;

2° Que cette température va en augmentant à mesure qu'on s'enfonce plus profondément, de telle sorte qu'à une profondeur maximum, variant en France de 22^k,15 à 67^k,5 (en raison du taux d'accroissement qui varie de 15 à 45 mètres pour une augmentation de 1°), et qui est en moyenne à Paris de 45 kilomètres, on rencontre la température du rouge cerise, 1500° centigrades, suffisante pour fondre la plus grande partie des matériaux qui entrent abondamment dans la composition de l'écorce terrestre ;

3° Qu'il arrive incessamment de l'intérieur de la Terre par plus de 400 orifices (les volcans), répartis tout aussi bien sur les diverses parties des terres que dans les mers, des matières à l'état de fusion, dont la nature chimique et minéralogique analogue dénote un point de départ, un foyer commun ;

Il semble résulter incontestablement pour la Terre :

1° Qu'elle est maintenant une masse de matière incandescente et fluide au moins à une certaine profondeur [1], et recouverte seulement d'une pellicule ou écorce formée

1. Il se pourrait cependant que dans les parties centrales la pression des masses extérieures solides d'abord, puis liquides plus profondément, contre-balançât l'influence de la chaleur et occasionnât la con-

surtout par le refroidissement et la consolidation de la partie extérieure, et aussi, pour une petite portion, tant par les matières qui sont sorties successivement de l'intérieur que par les détritus qui ont été successivement accumulés par les eaux sur la première écorce consolidée,

2° Qu'elle a été originairement une masse de matière fondue au moins dans ses parties extérieures.

Ces deux hypothèses, ou plutôt la théorie de la chaleur centrale, sont corroborées par la forme sphéroïdale de la terre, son isolement et ses mouvements dans l'espace.

solidation des masses intérieures, de telle sorte qu'il y aurait un noyau central chaud solide, une zone moyenne chaude fluide, et une écorce extérieure refroidie et solide.

TABLE ANALYTIQUE DES MATIÈRES.

CHAPITRE VI. — CHALEUR TERRESTRE.

CHAPITRE VII. — VOLCANS.

CHAPITRE VIII. — ÉMANATIONS GAZEUSES, SALSES, ETC.

CHAPITRE IX. — CRISTALLISATION, FILONS ET GÎTES MÉTALLIFÈRES.

CHAPITRE X. — FORME DE LA TERRE.

2610 — Paris. Imp. LALOUX fils et GUILLOT, 7, rue des Canettes.

NOUVELLES PUBLICATIONS

RÉDIGÉES CONFORMÉMENT AUX PROGRAMMES OFFICIELS

POUR L'ENSEIGNEMENT SECONDAIRE SPÉCIAL

(Tous les volumes ci-après sont imprimés dans le format in-12 et cartonnés.)

LANGUE FRANÇAISE

Grammaire de l'enseignement secondaire spécial, par M. Sommer. 1 vol. 1 fr. 50 c.

Lectures ou dictées, par M. Lallon-Damiens (année préparatoire et 1re année). 2 volumes :

Tome I, contrées agricoles. 1 fr. 50 c.

Tome II, contrées commerciales. 1 fr. 50 c.

Premiers principes de style et de composition, par M. Pellissier (2e année). 1 vol. 1 fr. 50 c.

Morceaux choisis des classiques français (prose et vers), adaptés au précédent ouvrage. 1 fr.

Principes de rhétorique française, par M. Pellissier (3e année). 1 vol. 2 fr. 50 c.

Morceaux choisis des classiques français (prose et vers), adaptés au précédent ouvrage. 1 vol. 2 fr.

Textes classiques de la littérature française, extraits des grands écrivains français, avec notices biographiques et notes littéraires, par M. Demogeot (3e année). 2 vol. 4 fr. 50.

GÉOGRAPHIE ET HISTOIRE

Géographie de la France, par M. Richard Cortambert (année préparatoire). 1 vol. 90 c.

Atlas correspondant (12 cartes). 2 fr. 50 c.

Géographie des cinq parties du monde, par M. E. Cortambert (1re année). 1 vol. 1 fr. 50 c.

Atlas correspondant (8 cartes). 3 fr.

Géographie agricole, industrielle, commerciale et administrative de la France et de ses colonies, par le même auteur (2e année). 1 vol. 2 fr.

Atlas correspondant (22 cartes). 3 fr.

Géographie commerciale des cinq parties du monde, par M. Richard Cortambert (3e année). 1 vol. 3 fr.

Atlas correspondant. Grand [illegible].

Simples récits d'histoire de France, par MM. Ducoudray et Feuillet (année préparatoire). 2 fr.

Simples récits d'histoire ancienne, grecque, romaine et du moyen âge, par les mêmes (1re année). 1 vol. 2 fr. 50 c.

Histoire de la France depuis l'origine jusqu'à la Révolution française, et grands faits de l'histoire moderne de 1453 à 1789, par M. Ducoudray (2e année). 1 vol. 2 fr. 50 c.

Histoire de France et histoire générale depuis 1789 jusqu'à nos jours, par le même auteur (3e année). 1 vol. 3 fr. 50 c.

LÉGISLATION, MORALE, INDUSTRIE, ÉCONOMIE POLITIQUE

Éléments de législation usuelle, par M. Delacourtie [illegible], docteur en droit (3e année). 1 vol. 3 fr.

Éléments de législation commerciale et industrielle, par le même auteur (4e année). 1 vol. 3 fr.

Éléments de morale, par M. A. Franck, membre de l'Institut (3e et 4e années). 1 vol. 2 fr.

Les grandes inventions scientifiques et industrielles, par M. L. Figuier (4e année). 1 vol. 1 fr. 50.

Cours d'économie rurale, industrielle et commerciale, par M. Levasseur (4e année). 1 vol. 3 fr.

ARITHMÉTIQUE ET COMPTABILITÉ

Éléments d'arithmétique, par M. Sonnet (année préparatoire et 1re année). 1 vol. 2 fr. 50 c.

Arithmétique élémentaire, par M. Bovier-Lapierre (année prépara. et 1re année). 1 vol. 2 fr. 50 c.

Traité d'arithmétique commerciale, par M. Bovier-Lapierre (2e année). 1 vol. 1 fr. 50 c.

Cours d'arithmétique commerciale, par M. E. Jeanne (2e année). 1 vol. 3 fr.

Cours de comptabilité, par M. Courcelle-Seneuil (1re, 2e, 3e et 4e années). 4 vol. Chaque volume, 1 fr. 50 c.

GÉOMÉTRIE, TRIGONOMÉTRIE, ALGÈBRE, GÉOMÉTRIE DESCRIPTIVE

Géométrie, par M. Saint-Loup :

Année préparatoire (géométrie plane). [illegible]

Première année (géométrie plane). [illegible]

Deuxième année (géom. dans l'espace). [illegible]

Principes d'algèbre, par M. H. Sonnet (3e et 4e années). 1 vol. 2 fr. 50 c.

Cours élémentaire de géométrie descriptive, par M. Kiaes (3e et 4e années). 1 vol. [illegible]

Traité élémentaire de trigonométrie rectiligne, par M. Bovier-Lapierre (4e année). 1 vol. [illegible]

Notions élémentaires de trigonométrie rectiligne, par M. Brodin (4e année). 1 vol. 1 fr. 50 c.

Notions élémentaires sur les courbes usuelles, par le même (4e année). 1 vol. 1 fr. 50.

HISTOIRE NATURELLE, PHYSIQUE, CHIMIE, MÉCANIQUE, COSMOGRAPHIE

Notions élémentaires d'histoire naturelle (Zoologie, Botanique, Géologie), par MM. Gervais, Marchand et Raulin :

Année préparatoire. 1 vol. 2 fr.

1re année. 1 vol. 3 fr.

2e, 3e et 4e années. 2 vol.

Éléments de zoologie, par M. Gervais :

Année préparatoire : *Notions préliminaires*. 1 vol. 1 fr. 25.

1re année : *Mammifères*. 1 vol. 3 fr. 50.

2e année : *Vertébrés ovipares et animaux invertébrés*. 1 vol. 2 fr. 50.

3e année : *Anatomie et physiologie* [illegible]. 1 vol. 2 fr. 50.

4e année : *Zoologie appliquée à l'agriculture, à l'industrie et à l'hygiène*. 1 vol.

Éléments de botanique, par M. Marchand :

Année préparatoire. 1 vol. 1 fr. [illegible]

Première année. 1 vol. 1 fr. 50.

Deuxième année. 1 vol. 1 fr. 50 c.

Troisième et quatrième années (classification et usages des plantes). 1 vol. [illegible]

Éléments de géologie, par M. Raulin :

Année préparatoire. 1 vol. 2 fr. 50.

Première année (*Géologie de la France*). 1 fr. 25.

Deuxième année. 1 vol. 1 fr. 50.

Troisième année. 1 vol.

Quatrième année (*Physique terrestre*), par MM. Marié-Davy et Sonrel. 1 vol. 1 fr. 50.

Cours élémentaire de physique, par M. Guillin :

Première année. 1 vol. 3 fr.

Deuxième année. 1 vol. 3 fr.

Troisième année. 1 vol. 3 fr.

Quatrième année. 1 vol. 3 fr.

Éléments de chimie, par MM. Debray et [illegible] :

Première année. 1 vol. 1 fr. 50.

Deuxième année. 1 vol. 2 fr. 50.

Troisième année. 1 vol. 3 fr.

Quatrième année. 1 vol. 2 fr. 50.

Cours de mécanique, par M. Ed. Collignon, répétiteur à l'École polytechnique :

Troisième année, 1re partie (*Cinématique*). 1 vol. 1 fr. 50.

Troisième année, 2e partie (*Statique*). 1 vol. 2 fr. [illegible]

Quatrième année (*Dynamique*). 1 vol.

Éléments de cosmographie, par M. Amédée Guillemin (3e année). 1 vol. 3 fr. 50.

Typographie Lahure, rue de Fleurus, 9, à Paris.

www.ingramcontent.com/pod-product-compliance
Ingram Content Group UK Ltd.
Pitfield, Milton Keynes, MK11 3LW, UK
UKHW012042240726
13965UKWH00003B/978